微生物资源开发及利用

张 杰 著

中国纺织出版社有限公司

内 容 提 要

　　微生物资源是地球上宝贵的生物资源，它们的开发和利用目前已经取得了非常丰硕的成果，对国民经济做出了重大的贡献。微生物资源广泛应用于农业、工业、医药、食品、土壤及海洋与湿地等各个领域。本书对各个领域进行深入研究，重点讨论在这些领域微生物资源的开发及利用。全书内容包括：微生物资源概论、微生物资源开发利用的一般程序及关键技术、工业微生物资源的开发与利用、农业微生物资源的开发与利用、食品微生物资源的开发与利用、医药微生物资源的开发与利用、土壤微生物资源的开发与利用、海洋与湿地微生物资源的开发与利用等。

　　本书可作为生物工程、生物技术、生物科学专业的高年级本科生和研究生的教材或教学参考书，还可作为相关领域的研究人员、工程技术人员和管理人员的参考用书。

图书在版编目（CIP）数据

　　微生物资源开发及利用 / 张杰著. -- 北京 ：中国纺织出版社有限公司, 2020.9

　　ISBN 978-7-5180-6774-9

　　Ⅰ.①微… Ⅱ.①张… Ⅲ.①微生物—生物资源—资源开发②微生物—生物资源—资源利用 Ⅳ.①Q939.9

　　中国版本图书馆 CIP 数据核字（2019）第 228384 号

责任编辑：姚　君　　责任校对：韩雪丽　　责任印制：储志伟
责任设计：邓利辉

中国纺织出版社有限公司出版发行
地址：北京市朝阳区百子湾东里 A407 号楼　邮政编码：100124
销售电话：010-67004422　传真：010-87155801
http://www.c-textilep.com
官方微博 http://www.weibo.com/2119887771
佳兴达印刷（天津）有限公司印刷　各地新华书店经销
2020 年 9 月第 1 版第 1 次印刷
开本：710×1000　1/16　印张：13.25
字数：231 千字　定价：68.00 元

前　言

　　微生物是地球生态系统中最重要的分解者,也是开发潜力很大的资源库。微生物资源具有种类丰富、原料来源广、培养周期短、生产效率高、不易受气候影响、绿色环保等优势,开发和应用微生物资源,必将有助于解决人类目前面临的粮食危机、能源短缺、资源耗竭、生态恶化等问题。

　　微生物资源广泛应用于农业、工业、医药、食品等各个领域,本书主要就微生物资源在这些领域的开发及利用展开研究。全书内容包括:微生物资源概论、微生物资源开发利用的一般程序及关键技术、工业微生物资源的开发与利用、农业微生物资源的开发与利用、食品微生物资源的开发与利用、医药微生物资源的开发与利用、土壤微生物资源的开发与利用、海洋与湿地微生物资源的开发与利用等。全书旨在探讨微生物丰富的资源和巨大的开发价值,拓宽读者的知识面,让读者能对与自己紧密联系的生活常识和环境在理论和实践上有科学的认识,以便更好地保护我们的生存环境和提高自身的生活质量。

　　本书语言精练,内容深入浅出、通俗易懂,科学性强,可作为生物工程、生物技术、生物科学专业的本科生的参考书,还可作为相关领域的研究人员、工程技术人员和管理人员的参考用书。

　　在本书的撰写过程中,作者参考了许多专家学者在该领域的最新研究成果和相关文献,在此表示真诚的敬意与感谢。限于作者水平,加之时间仓促,书中难免存在疏漏和不足之处,敬请同行与广大读者给予谅解并指正。

　　本书的出版得到了山东省农业重大应用技术创新项目(2018年度),齐鲁工业大学(山东省科学院)青年博士合作基金项目(项目代码:2017BSHZ003),2019年国家级大学生创新创业训练计划项目(项目代码:201910431046),齐鲁工业大学博士启动经费(项目代码:0412048450)及山东亚太海华生物科技有限公司的资助,徐鹏飞同学在本书编著过程中参与了大量资料整理及文字工作,在此一并谢过。

齐鲁工业大学(山东省科学院)张杰
2019 年 10 月

目　录

第一章 微生物资源概论

随着社会需求的发展，全球资源环境问题日益尖锐，已成为人类社会进入 21 世纪寻求可持续发展所面临的根本性、战略性问题，该领域的科学研究已经备受国际社会和各国政府的重视。我国要实现在 21 世纪中叶人均国民生产总值达到中等发达国家水平的第三步战略目标，关键在于保证自然资源的可持续供给和生态环境的良性循环。

第一节 微生物及微生物资源

一、微生物

微生物（Microorganism）是一类个体微小、肉眼不可见或看不清、结构简单、进化地位低等的生物的总称。简而言之，它们就是一类"小、简、低"的生物。

微生物在生物界中占有重要地位。虽然微生物个体微小，大多数微生物很难用肉眼观察，必须借助显微镜进行观察，但是在我国学者陈世骧等建议的六界（病毒界、原核生物界、原生生物界、真菌界、动物界和植物界）中，微生物就占据其中四界。在已经被广泛接受的三域学说中，微生物在这三个域中均有分布（古生菌域、细菌域和真核生物域）。这就充分说明了微生物在生物界中的重要地位。

通过对微生物的了解，其主要有以下两点性质：

（1）在动植物不可能生长的地方都有微生物分布，作为一类资源，它既可提供极为多样化的产品，又适于在人工控制条件下进行大规模生产，而不受气候等因素的影响。

（2）种源丰富，未知者众多。目前很难用多少属、多少种、特有种、蕴藏量来估计微生物的资源量，现在人们还不知道微生物的种类究竟有多少。有人认为，全世界被描述的微生物种类不到实有数的 2%～10%。

二、微生物资源

微生物资源（Microbial resources）是指微生物本身的资源，并且对人类具有实际或潜在价值。

微生物资源包括微生物的生物质资源、生物遗传资源以及生物信息资源等。微生物资源是可再生资源，也是国家战略性资源之一，不仅在维持生态平衡方面发挥了巨大作用，而且是农业、林业、工业、食品、医学和环境等领域微生物学、生物技术研究以及相关微生物产业持续发展的重要物质基础，是支撑微生物科技进步与创新的重要基础条件，与国民食品、健康、生存环境及国家安全密切相关，并且微生物生产与当今的动植物生产并列成为生物产业的三大支柱之一。

微生物是生物中一群重要的分解代谢类群，并且是地球上最古老的生物之一，没有微生物的存在，地球上的生命将不复存在。虽然微生物是地球上最早出现的生命形式，并且在未开发资源方面提供了重要的作用，但是它们中的一些成员又是人类的天敌，如鼠疫杆菌、霍乱弧菌等。人类的干扰虽然没有对微生物造成大幅度的影响，但宿主的失去也导致了某些微生物种群的消失和演变。已知有8%的真菌种群处于濒危状态，一些处于特殊生境的真菌物种已被其他种类取代。因此，人类对微生物资源的认识将对整个生物圈的保护有着非常重要的意义。

（1）生物多样性。生物多样性是生物及其与环境形成的生态复合体以及与此相关的各种生态过程的总和，它包括数以千百万计的动物、植物、微生物和它们所拥有的基因以及它们与生存环境形成的复杂的生态系统。通常被认为有三个层次，即遗传、物种和生态系统多样性，近几年来又增加了一个层次，即景观多样性。所以，生物多样性要从基因、物种、生态系统和景观四个水平上进行保护。在生物多样性中，物种多样性是最基本的内容，掌握现存物种数及其分布状况是评价生物多样性的基础。

至今，人类对微生物多样性的估计在很大程度上只是反映了它们与高等生物的专一的或兼性的依赖关系，而我们对这些关系的了解还很肤浅。另外，由于研究手段的限制，许多微生物不能分离培养，我们对这类微生物的了解只是皮毛。1992年Bull等根据全球不完全统计得到的数据见表1-1。微生物的多样性为人类了解生命起源和生物进化提供了依据。美国、日本和欧洲微生物种株保有的基础情况见表1-2。

表 1-1　地球上不同类群的微生物资源

类群	已知种	估计种	已知种占的比例/%
病毒	5000	130000	4
细菌	4760	40000	12
真菌	69000	1500000	5
藻类	40000	60000	67

表 1-2　美国、欧洲、日本微生物种株保有数

国别	微生物种株保有数	DNA 解析比例/%
美国	约 71000	60
欧洲	约 64000	30
日本	约 8000	10

（2）代谢类型多样性。微生物的代谢多样性是其他生物不可比拟的。原核微生物具有多种多样的代谢方式和生理功能，可适应各种生态环境并以不同的生活方式与其他生物相互作用，构成了丰富多彩的生态体系。在物质转化过程中，细菌在生态系统中的能量利用和物质循环上具有多种代谢类型（表 1-3）。细菌无论在元素的代谢还是产物的代谢过程中都具有多种多样的途径。例如，放线菌是重要的抗生素生产菌，已有的 1000 多种抗生素中约 2/3 产自放线菌。真菌是生产工业酶制剂的主要资源。

表 1-3　细菌的营养代谢类型及代表

营养类型	好氧		厌氧	
	无机营养	有机营养	无机营养	有机营养
光能营养	蓝绿细菌	无	绿硫杆菌	红细菌
化能营养	亚硝化单胞菌	假单胞菌	硫小杆菌	梭菌

（3）生态系统多样性。地球上每一角落都是不同的微生物生态系统（即使在很小的范围内也可能存在多个微生物生态系统），按照大环境的不同可以将它们分为几类：陆生(土壤)微生物生态系统、水生微生物生态系统、大气微生物生态系统、根系微生物生态系统、极端环境微生物生态系统、活性污泥微生物生态系统、"生物膜"微生物生态系统、人体微生物生态系统。

第二节 微生物资源的种类与分布

一、微生物资源的种类

微生物资源包括已培养和未培养、已利用和未利用的有益微生物。根据当代比较一致的看法,微生物资源包括丝状真菌、古菌及细菌。

(一) 真菌资源

按照比较流行的分类系统,目前的真菌界分为:接合菌门,含接合菌纲和富有菌纲;子囊菌门,含半子囊菌纲、粒毛盘菌纲和核菌纲;担子菌门,含胶质菌纲、同担子菌纲和腹菌纲;不完全真菌门。它们当中,有的产生体积很大的子实体,因此也有人将其看作是植物资源。目前已经定名的真菌大约有 7 万种之多,是各国菌种保藏中心保存量最大的微生物资源。其中有一部分是致病菌。

(二) 古菌资源

古菌界有:初古菌门;纳古菌门;泉古菌门,热变形菌纲;广古菌门,包括古丸菌纲、盐杆菌纲、甲烷杆菌纲、甲烷球菌纲、甲烷微菌纲、甲烷火菌纲、热球菌纲和热原体纲。

(三) 细菌资源

细菌界有:酸杆菌门,酸杆菌纲;高 G+C 革兰氏阳性菌的放线菌门,放线菌纲;产水菌门,产水菌纲;拟杆菌门,拟杆菌纲、黄杆菌纲和鞘脂杆菌纲;衣原体门,衣原体纲;绿菌门,绿菌纲;绿弯菌门,厌氧绳菌纲、暖绳菌纲和绿弯菌纲;产金菌门,产金菌纲;蓝藻门,蓝藻纲;脱铁杆菌门,脱铁杆菌纲;异常球菌-栖热菌门,异常球菌纲;网团菌门,网团菌纲;纤维杆菌门,纤维杆菌纲;低 G+C 革兰氏阳性菌的厚壁菌门,芽孢杆菌纲和梭菌纲;梭杆菌门,梭杆菌纲;芽单胞菌门,芽单胞菌纲;黏胶球形菌门,黏胶球形菌纲;硝化螺旋菌门,硝化螺旋菌纲;浮霉菌门,浮霉菌纲;海绵杆菌门;变形菌门,α-变形菌纲、β-变形菌纲、δ-变形菌纲、

ε-变形菌纲、γ-变形菌纲；螺旋体门，螺旋体纲；柔膜菌门，柔膜菌纲；热脱硫杆菌门，热脱硫杆菌纲；热微菌门，热微菌纲；热袍菌门，热袍菌纲；疣微菌门，丰佑菌纲和疣微菌纲；未定门的纤线杆菌纲。目前已定名的细菌约 1 万种，其中放线菌约 4000 种，其他细菌约 6000 种，有一部分是人、畜和农作物的致病菌。

二、微生物资源的分布

微生物资源主要分布在土壤、湿地、海洋等环境中。

（一）土壤微生物资源

土壤是微生物的主要栖息地。现在大部分已知的微生物资源来源于土壤。每克土壤有 $10^5 \sim 10^{10}$ CFU 纯培养的微生物。一般情况下，肥沃的土壤中微生物数量最多，如蔬菜地。种类的分布则是在原始森林及其他原始环境最为丰富。曲霉素、青霉菌属、链霉菌属和芽孢杆菌属是土壤常见的优势微生物。

（二）湿地微生物资源

湿地系指天然或人工、长久或暂时的沼泽地、湿原、泥炭地或水域地带，带有或静止或流动、或为淡水、或为半咸水、或为咸水的水体，包括低潮时水深不超过 6m 的水域，陆地上的所有江、河、湖泊都是湿地。湿地微生物几乎包括所有的水生微生物（除了海洋以外），而且不仅有丰富的动植物微生物资源，还有丰富的微生物资源。湿地微生物有的来源于水体土著菌，有的来源于陆地。湿地土著菌的组成与陆地上的有明显区别。例如，已培养的陆地放线菌是以链霉菌为优势菌，而水体中的则以小单孢菌属占优势。

（三）海洋微生物资源

海洋占了地球表面的 2/3 以上，蕴藏着无穷的微生物资源。与陆地不同，海洋环境以较高盐浓度、高压、低温和稀营养为特征。海洋微生物不但在维持整个海洋生态系统的平衡中起着重要作用，而且在其长期适应海洋环境的过程中形成了独特的生物学特性，这为开发利用提供了可能性。由于各国对海洋微生物的研究相对较晚，对其种族、分布和性质之类的信息都不是很了解，开发利用更是难上加难。最近十多年各国都加强了对海洋微生物的研究和开发利用。目前研究比较多的是海洋真菌，尤其是海绵共生菌。从海洋生物中发现的活性物质，海绵就占40%左右。海洋微生物的研究和开发利用亟待加强。

第三节　微生物资源开发利用的历史与现状

一、微生物资源开发利用的历史

在人类还未曾看到或未曾觉察到微生物存在之前就已开始利用微生物了。早在四千多年前，我们的祖先在酿酒技术中已经用到了微生物资源。

人类最早大规模利用微生物的工业要算是酿酒业和面包业。1856年巴斯德开始研究乙醇发酵微生物，这是人类自觉研究利用微生物资源的先例，到现在已有一个半世纪。1995年，全世界各国的微生物学工作者都以各种形式纪念伟大的微生物学家、化学家、近代微生物学的奠基人巴斯德逝世100周年，纪念他对近代微生物学的发展和微生物资源开发利用所做的重大贡献。他的巨著《乙醇发酵》和《乳酸发酵》是微生物资源利用的具有历史意义的重要文献。

微生物资源的大规模开发及发酵工业的真正兴起只有大约70年的历史，20世纪50～60年代进入辉煌期。1928年弗莱明发现了青霉菌的抗菌作用，但在很长一段时间内分离青霉素的努力都失败了。直到1939年弗洛里和柴恩才成功分离青霉素。1941年第一次用它来治疗葡萄球菌感染的患者，几经周折，终于获得成功，这预示了医药史上抗生素时代的来临。但是由于野生菌种的产率太低，价格极为昂贵，难以普及。为此美国和英国组织了38个研究小组加紧研究青霉素大量生产的制造方法。

20世纪50年代，微生物生产的氨基酸开始进入市场。

1957年，木下等首次报道用微生物发酵法生产谷氨酸。

20世纪50～60年代，抗生素的开发进入了"黄金时代"。

二、微生物资源开发利用的现状

当代微生物资源的开发利用涉及食品、医药、环保、化工、矿冶、轻纺、农业、牧业等各个生产部门，产生了巨大的社会效益和经济效益。

（一）微生物菌体利用

菌体利用系指利用微生物的全细胞或代谢主产物，如糖、蛋白质等。一些酵母菌的蛋白质含量高达菌体干重的 50% 以上，同时含有其他生物活性物质，如氨基酸、维生素等。现在国内外的一些厂家利用废糖蜜等培养酵母，生产单细胞蛋白（SCP），作为饲料添加剂，可以部分取代鱼粉。美国有充足的饲料来源，主要利用甲醇生产食用酵母和面包酵母。俄罗斯的SCP 产量最大。我国的产量不过两三万吨，主要是面包酵母。

（二）微生物代谢产物的利用

微生物的代谢产物主要有以下几种：

（1）氨基酸：谷氨酸（味精）是最早用微生物工业化生产的氨基酸，目前的产酸率已超过 10%。

（2）维生素：用微生物生产的维生素有核黄素、β-胡萝卜素、维生素 B_2、维生素 B_6、维生素 B_{12}、维生素 C 等。

（3）醇酮类：乙醇、丁醇、丙醇等化工原料都可利用微生物来生产。

（三）其他利用途径

除了上述两种利用途径以外，微生物资源的利用途径还包括微生物废物资源的再利用和工业污染物及其他废物的降解及净化，详述如下：

（1）废物资源的再利用：地球上的三大废物资源——纤维素和木质素、甲壳素、角蛋白产量巨大，已利用的数量甚少。可以利用微生物的降解作用将这些废物降解成葡萄糖和可利用的蛋白质，生产乙醇、饲料等。在能源已经成为国家大计的今天，利用微生物降解废物、生产能源是解决能源问题的途径之一。为此各国政府和公司付出了巨大努力，从目前的情况来看，成本和工艺都已基本过关。

（2）工业污染物及其他废物的降解及净化：微生物的代谢类型极为多样化，繁殖极快，在各种环境下都能生长，这就为生物自动净化提供了可能。现存的许多工业污染物（尤其是一些有机工业废物）都可能被微生物分解或转化成无毒物质。微生物已成为治理"三废"的有力武器。目前仍有许多污染物无法用微生物进行降解，塑料制品就是一项亟待解决的大污染源。

第四节　微生物资源的保护

一、保护微生物资源的必要性和紧迫性

中国是世界上生物多样性最丰富的国家之一。自 1992 年加入《生物多样性公约》以来，我国开展了一系列卓有成效的保护生物多样性的工作，基本形成了保护生物多样性的法律体系和工作网络。到目前为止，我国先后制定和颁布了《中国生物多样性保护行动计划》《全国生态环境保护纲要》《中国水生生物资源养护行动纲要》《中国国家生物安全框架》等生物多样性保护法律、法规 20 多项。2007 年 10 月，我国制定并颁布了《全国生物物种资源保护与利用规划纲要》，明确了 2006～2020 年全国生物物种资源保护与利用的总体目标和阶段性目标，提出了 12 个重点领域的主要任务，微生物资源保护与利用被列在其中，确定了"十一五"期间优先开展的生物多样性保护行动和研究项目。截至 2017 年，我国已经建立起各种类型、不同级别的自然保护区 2750 个，约占陆地国土面积的 14.88%，这对保护国家战略资源，保障经济社会可持续发展发挥了重要作用。

由于工农业、交通运输业的大规模现代化、国际化，一些国家和地区（尤其是一些发展中国家）对自然资源的过度开发和不合理开发，已经带来严重的环境问题，大量的生物种急剧减少。人们逐渐意识到高等动植物在减少、森林在毁坏，已迫使许多国家采取了一些保护生物种的措施，并制定了严厉的法规。我国和国内一些地区也公布了濒危动植物名录，颁布珍稀动植物保护条例，还规定了保护的等级。

但是，到目前为止，保护的都是一些有专利的菌种，关于其他天然微生物资源的保护没有看到相关的法规，而且也没有相关的措施。从这种局面可以看出社会还没有认识到对天然微生物资源保护的必要性和紧迫性。造成这种局面的原因固然跟微生物资源的特点有关，同时也跟不知道应该保护什么、如何保护有关。

相关学者经过 20 余年，采集了 5000 多份样品，考察了云南省 22 个地区不同植被下的土壤放线菌。研究结果显示，可培养的放线菌以原始森林的放线菌种类最多，平均分离到 9 个属，而在西双版纳热带雨林土壤就分离到了 25 个属。随着森林砍伐程度的加剧和耕作程度的频繁，放线菌的种

类按次生林、荒地、旱地的顺序呈逐渐单调化的走势。旱地（耕作地）土壤平均仅分离到5.4个属。森林砍伐的直接后果之一是放线菌种类的减少。蔬菜地因施肥水平高，放线菌的数量大增，种类有所回升（表1-4）。这是微生物学界首次通过如此浩大持久的实验所获得的一项重要发现，有很重要的科学意义和实用价值。这个发现从保护微生物资源的角度证明了人类保护原始森林的极端重要性。原始森林不单是最宝贵的动物、植物资源库、基因库，同时也是最宝贵的微生物资源库、基因库。从人们利用微生物资源的角度来看，土壤微生物的数量没有多大意义（但有生态意义）。因为从严格的意义上讲，一个种只要能找到它的一个孢子就够了，我们就可以在极短时间内将这个孢子增殖上亿倍。对人类有决定意义的是物种的保存。物种的减少难以补救。非常不幸的是，人类对动物、植物种类的减少会有所感觉，会心痛，会采取措施加以保护；而微生物却是肉眼看不见、摸不着的，因此微生物种类的减少很少为人们所知，也没有多少人会关注，更谈不上如何去保护。所以，社会对保护天然微生物资源的必要性和紧迫性的认识严重不足。

表1-4 云南不同植被土壤纯培养天然放线菌的种类

植被	研究地区数	平均数量/（×10³个/g干土）	平均属数
原始林	8	482.8	9.0
次生林	16	1199.6	6.7
荒地	11	893.2	5.9
旱地	7	1359.4	5.4
蔬菜地	8	5963.1	6.5

原始森林如果遭到破坏，随之而来的便是水、气、热和营养等生态因子的改变，其中尤以干旱对微生物的影响最大，一些无芽孢细菌和无孢子微生物在干燥时很快死亡。那些生长速度慢，营养需求苛刻的种类（我们称其为劣势菌群，大部分属于未知菌，分离比较困难，甚至还没有试图分离过，它们的利用价值尚未知晓）必然首先遭殃。剩下的"优胜者"大多数是生长快、营养要求低、孢子化程度高的菌种。这些优胜者菌种大多数都容易分离，利用价值可能大体已经了解，或研究过，或已定名，甚至是已保存的常见菌。原始环境遭到破坏的直接后果必然是大量未知微生物（也可以用形容高等生物的"珍稀种"来形容）死亡，生长缓慢或适应变化能力弱的劣势物种减少，适应变化能力强的已知微生物存活，一旦环境变

化趋于稳定，存活下来的微生物物种便很快繁殖生长，但微生物群落朝着单调化方向发展。这种变化对于改善土壤的耕作性可能有益，但微生物物种资源遭到了极大的破坏。

如果是以林还林，也很难阻止微生物群落单调化的趋势。尽管以林还林都是林，但任何人工林中的植物种类都肯定减少了（单调化），难以恢复原始生态系统。生态环境改变（如大气成分和土壤条件必定改变）是不可避免的，这必将导致微生物群落的单调化。例如，许多与植物共生的微生物（包括广泛存在、研究不多的、与植物共生的内生菌），将随寄主植物的消失而消失。所以，从保护微生物多样性角度出发，我们主张造林树种多样化，最好不要种植单一树种。

如果发生污染，有毒物质大量增加，微生物种类减少会更剧烈。剩下的必然是那些对毒性物质有抗性的微生物物种，微生物组成将变得更加单调化。

然而一个严峻的事实是，许多极端环境和绝无仅有的环境由于有旅游价值而被开发，如云南腾冲的大滚锅温泉由于温度高（100℃）、流量大，气势壮观而闻名于世，早就被开发成旅游区。那里的原始环境早已一去不复返，那里的特殊微生物可能在我们没有认识之前就已经灭绝。又如，云南省的溶洞很多，每发现一个溶洞，人们首先考虑的是如何开发利用它的旅游价值，几乎没有人考虑如何保护它的动植物资源（那里往往有奇特的动物），更没有人考虑保护其微生物资源。从微生物资源的角度看，今天的云南建水的燕子洞早已面目全非了。可以肯定，一旦这些独特的或绝无仅有的原始环境改变，微生物种类必定减少，而且难以修复。

最后的结论是，微生物物种资源同动植物资源一样在不断地减少，一部分物种甚至消失灭绝，这是一个残酷的事实。为此，保护微生物资源刻不容缓。政府和社会应给予足够的重视，加大未培养微生物物种资源的研究和保护。

二、保护微生物资源的措施

（一）生产菌种和专利菌种的保护

专利菌种和生产菌种都是有价值的资源。专利菌种不一定具有现实的生产价值，生产菌种不一定可以申请专利。一般来说，专利菌种及其功能和产物一定是新发现的，它们具有潜在的应用价值，通常都有可能开发成生产菌种，但不一定在申请专利期间就能转化为现实生产力。生产菌种必须有现实生产力。在某些情况下，专利菌种就是生产菌。这两者的保护均与当事人的经济利益有关，都是对知识产权的保护。

因此，从获得的新菌种中分离到新物质，且有某种用途，首先就要考虑申请专利。生产菌种和专利菌种的保护主要依靠的是法律手段。加强微生物新资源及新产物的专利保护，对于发掘和保护微生物资源具有很大的推动作用。

（二）天然微生物资源的保护

天然微生物对人类既是现实资源，也是潜在资源。天然微生物资源也应该保护。

对于天然微生物资源的保护，我们主要有以下几点看法：

（1）对于未培养的微生物资源，可采取从环境中直接提取 DNA，分离、克隆不同的基因片段，建立微生物资源基因库，以达到保护微生物资源的目的。

（2）保护的目的在于利用。天然微生物资源的开发不会有"过度"和破坏环境之虞。矿物采一斤就少一斤，树木砍伐一棵就少一棵，而天然微生物的开发对原有的环境毫无损害。国家应加大对微生物资源开发利用的投入。重要的是要创新分离方法，收集、保存天然微生物菌种，建立微生物资源库，同时进行开发利用研究。

（3）大力宣传保护微生物资源的重要性。要让更多的人理解，保护看得见的动植物资源很重要，保护看不见的微生物资源同样重要。

第二章　微生物资源开发利用
的一般程序及关键技术

微生物具有多样性，应用非常广泛。不过，不同的微生物资源在开发的过程中肯定有很大的差异。本章我们主要以经典的菌种资源进行研究，总结和归纳出微生物资源开发利用的一般程序以及关键技术。

第一节　微生物资源的开发利用战略及产品类型

一、微生物资源的开发利用战略

（一）开发意图贯彻始终

作为自然资源，微生物有如下两层重要作用：

（1）作为可再生资源可以被开发利用，而且没有开发"过度"之嫌，这相对于动植物资源开发利用具有非常明显的优越性。

（2）微生物作为地球生态系统不可替代的积极参与者，发挥着重要的功能，而这些功能又可被加以利用。

我们也可以说，微生物是国家战略资源，它的开发利用涉及所有国民经济部门。因此要根据国家战略需求和自己的实际来制订开发利用的战略和策略。

微生物资源开发利用的全过程大体有总体设计、收集样品、分离菌种、筛选、找到目的菌或目的产物、效果实验、小试、中试、产业化等阶段，而开发意图是核心。虽然在开发的过程中，目的菌不一样使用的策略就不一样，但是对于目的菌功能（活性）强、效果好、产量高、生产性能好、无毒、不污染环境的要求是一样。微生物资源的开发成败在于是否能够找到关键的目的菌或目的物。

（二） 创新是灵魂

微生物资源开发的真正兴起不过五六十年，开发潜力很大，主要表现为如下两个方面：

（1）社会的新需求日益增加、新领域不断出现，随着科学技术的不断进步，开发资源的能力也在增强。

（2）开发的难度也与日俱增。以抗生素为例，在 20 世纪 50 年代，我们就可以从 1000 株菌中找到一个新的抗生素，然而，在现在从 10000 株菌种中还不一定能够找到一个新抗生素。根据国内外相关数据统计，一个有临床价值的药物需要从 1 万个甚至是几万个新化合物中进行开发。

通过多年的实践，总结国内外的经验，进行广泛的交流，我们已经形成了一套比较完整的理念：新环境，新方法，新菌种，新基因，新模型，新产物，新用途。核心是不断革新，变换开发的策略。例如，改变分离菌种的技术，可以从"老地方"分离到新的菌种，并将其开发成新的产品。

（三） 模型设计及高通量筛选

微生物资源开发的目的千差万别，但都必须建立准确、微量、快速、简便的筛选模型，尽早淘汰非目的菌和非目的物，加速筛选进程。

最近几年，中国科学院、中国医学科学院和一些企业都建立了高通量的筛选系统，使繁重的筛选工作实现了快速、微量、准确和自动化，一个星期可以筛选数以万计的样品。

（四） 一菌多筛

新生物活性物质（先导化合物）的开发是微生物资源开发的重要组成部分。有时候，我们往往不很清楚我们要找的究竟是哪类微生物，而开发意图在分离菌种时无法贯彻，为此我们常常要分离很多（甚至数万）菌种。这时如果只用一个或少数模型过筛，往往很难找到目的菌，而且造成大量的浪费。我们的经验是一菌多筛，尽量增加模型的数量。这样不仅增加了菌种的利用率和入选率，而且还有可能找到用途更大的非目的菌种（如具有某种活性）。这就需要开发人员看得深远、通晓相关领域的动态。同时还需要制订几套开发方案。

（五）关于混合菌

在微生物学发展的历程中，分离纯培养曾经是一个巨大的进步。现代工业微生物发酵几乎都是纯菌种，但是这并不能束缚我们的手脚。在一些情况下，开发资源微生物不一定需要纯培养。下面举几个例子来说明这个观点。例如，要分离能对难选冶含硫砷金矿进行氧化预处理的微生物，就要寻找氧化活性高、对砷等有毒元素抗性能力强、适应温度宽的菌种。以前的办法是用各种培养基分离铁硫杆菌、硫硫杆菌的纯培养，然后再分别测定它们的氧化活性。我们可以完全不遵循这套程序，一开始就从老金矿采集样品，将样品与高浓度矿粉（浆）在不同的温度下振荡培养，并测定混合物的氧化活性。这种办法得到的肯定不是单一菌种，而是一组混合菌，甚至包含未培养的微生物。其配合的理想程度应该比得到纯培养以后再人工组合的混合菌优越。首先，天然混合菌一开始就与要被氧化的矿物接触，能很好地适应这种矿物。其次，纯培养菌种起的作用在混合培养时变化极大，绝不是一加一等于二的关系，研究这些关系本身就是耗时费劲的事。一开始就着眼于混合菌可以节省大量的人力物力。如果从单个纯培养开始，一到跟矿物接触，很多菌都不适应。又如，为了改进、标定泸州老窖的发酵工艺，研究人员往往一来就去解析老窖泥中的微生物区系、种类及组成，分离所谓优势菌，然后分别研究每个菌的功能，进行各种组合，但结果收效并不大。还不如选择本地最好的老窖泥，在严格标准化的条件下，进行不同窖泥配比的混合发酵，最后评判其效果；同时也将窖泥生产标准化。泸州老窖的发酵肯定是混合菌的发酵，随着发酵进程的推进，各种微生物的功能和相互关系不断变化，这种关系在时空上的复杂性研究起来并非易事。此外，我们能分离到的微生物仅仅是一部分，甚至一小部分，所以即使花很大工夫，也只能研究窖泥一小部分微生物的作用，而不是所有微生物。人们早已发现了所谓互营微生物，即一种微生物的代谢产物是另一种微生物的生产因子，如果在泸州老窖存在互营菌，问题就更加复杂化。混合发酵的例子还很多，如污水处理、沼气发酵等。所以，混合发酵是资源微生物开发独特的思想艺术，它不能按一般程序办事。当然，这并不排除研究混合发酵体系中各个成员的功能和相互关系，也要注意那些未培养菌可能扮演的角色。

（六）微生物基因资源

国内外的许多研究结果证明，目前仍有 90% 甚至 99% 的微生物未能纯培养。如何利用这个巨大的资源宝库就成为各国研究人员关心的问题。除了继续改进、革新分离方法，使未培养菌成为纯培养菌外，现在还可以用宏基因组技术等来开发这些未培养微生物的基因资源。宏基因组技术不以纯培养微生物为对象，而是从环境样品中直接提取 DNA（所有微生物的总 DNA），根据开发目的，通过适当的酶切，将不同大小片段的 DNA 组装到质粒或其他大承载量载体中，转移到表达宿主，继续功能筛选，从中发现天然产物。用这种方法已经获得一些酶和小分子次生代谢产物。

（七）申请专利

申请专利的件数是一个国家科技发展水平的重要标志之一。资源开发包含巨大的经济利益，同时也包含重大的投入和风险。资源开发又是竞争很激烈的领域，开发者的意图、思路、策略和工作进展都是严格保密的东西。为了保护劳动成果，保护知识产权，及时申请专利是绝对必要的。专利是国家保护知识产权的主要法律手段，微生物资源开发工作者必须运用好这个法律手段，以促进微生物资源开发工作的健康发展。与此相关，如果发现你的开发目的与其他研究者基本一样，并且人家的研究进度比你的要快，而且在你之前申请了专利，那么你就得及时地改变、调整战略，争取在别的领域进行创新。所以，一套好的开发战略往往有几套方案。

二、微生物产品的类型分析

微生物资源开发利用的最终目的，就是要利用微生物资源生产出各种对人类有价值的、无形或有形的产品。在对微生物资源进行开发利用前，明确所生产产品的类型十分重要。因为不同类型产品的生产菌株，在进行开发时所采用的策略和方法有所不同，明确产品类型将有助于有针对性地开展工作。

微生物资源种类多，用途和功能也不一样，大致可以概括为以下四大类。

（一） 微生物菌体类

微生物菌体类产品主要成分就是各类微生物的有机体，如细菌菌体、真菌菌体、病毒颗粒、孢子或芽孢等。微生物菌体类又可以分为活菌类和非活菌类，详述如下：

（1）活菌类产品。主要的有效成分是各类微生物的活有机体，包括有活性的营养体、细菌芽孢以及孢子等。这类产品有：微生物肥料、益生素、细菌杀虫剂、真菌杀虫剂、病毒杀虫剂、污染物处理剂以及各类发酵剂等。其最大特点是具有活性——通过微生物的生命活动来实现产品功能的发挥，并且还可凭借产品中微生物的生长繁殖来放大作用效果，理论上不受剂量的制约，可"一次投入而永久受益"。但正因这类产品具有活性，不仅保藏条件相对严格，而且其中微生物的生长及代谢易受到使用环境的影响，故在实际使用时常表现出效果不稳定或对环境有一定选择性。

（2）非活菌类产品。主要成分是各类经过不同程序处理后、不具备繁殖能力的微生物营养体。此类产品有：微生物菌体蛋白、各类食用菌、发菜、螺旋藻、冬虫夏草和茯苓等。其本质上与大多数以动植物为原料的工农业产品、食品等相同。

（二） 微生物代谢物类

微生物代谢物类产品主要成分是各种微生物的代谢产物，包括各种初生和次生代谢物。初生代谢物主要有：乙醇、乙酸、乳酸、柠檬酸、多糖、甘油、维生素和氨基酸等；次生代谢物主要有：抗生素、色素、生物碱和生长刺激素等。近30年来，随着科技的进步，基因工程和生物工程技术都在迅速发展，微生物还能够生产出许多外源性代谢物，如人胰岛素、生长激素、干扰素、白细胞介素、尿激酶原和抗凝血因子等。

微生物代谢物类产品根据功能又可以分为生物功能性类和非生物功能性类，详述如下：

（1）生物功能性类产品。主要成分是抗生素、生长激素、胰岛素、细胞因子、干扰素、食用菌多糖或甾体化合物等，其具有特殊的生物学功能活性，使用价值较高，并且不能通过化合物合成或者利用其他生物进行生产，是微生物独有的。这类产品在使用和储存时，条件非常苛刻，不然很容易导致这类产品失活或者失效。

（2）非生物功能性类产品。主要成分是传统的各种有机酸、醇类、多糖、氨基酸或维生素等，其理化性质相对稳定，并易于规模化的工业生产。

若从资源开发的难易程度而言，这类产品在整个微生物产品类型当中属于开发难度最大的，因为此类产品的主要成分在纯度方面有严格的要求，并且在开发利用过程中将涉及技术门槛相对较高的一系列发酵调控和下游工程技术。

(三) 微生物酶制剂类

微生物酶制剂类产品主要成分是微生物所产生的各种酶，如淀粉酶、糖化酶、脂肪酶、蛋白酶、肽酶、纤维素酶、链激酶以及各种嗜极酶等。其特点是具有高效的生物学催化活性，在实际的生产中，比传统的物理、化学方法更加能耗低、反应条件温和、绿色环保，并且绝大多数仅能通过微生物进行生产，也属于微生物所独有。此类产品在使用和储存时受到环境的影响，很容易导致此类产品失活。

(四) 微生物发酵物类

微生物发酵物类产品主要成分既不是微生物有机体，也不是微生物的某一种具体的代谢产物，而是经微生物生物转化后的生产原料。此类产品主要有：微生物堆肥、发酵食品（酸奶、腐乳、豆豉、老北京豆汁、泡菜、酱油、白酒等）、发酵中药（六神曲、淡豆豉、半夏曲等）和发酵饲料（青贮玉米、发酵豆粕、发酵秸秆等）等。以发酵食品为例，如酸奶，其主要成分是"牛乳"而不是乳酸菌或乳酸，只不过这种"牛乳"并不是原来的牛乳，而是经微生物生物转化后的、具有酸香味的、呈固态的"牛乳"。

微生物发酵物类产品的特点是原料在微生物生物转化后，本身的性质与功能将发生改变。此类产品在生产的过程中，工艺较为传统，大多数的时候采用自然接种和固态发酵，并且此类的很多产品成分较为复杂、主体成分不明确、功能也不确定。

第二节　微生物资源开发的一般程序

对微生物资源进行开发的过程，实际上是一种"科学研究+商业开发"的过程，其最终目标是实现微生物资源的生产化、应用化乃至产业化。

如果开发的微生物是一种没有相关报道或没有进行深入研究过的新种类，那么在开发的过程中需要对菌种进行自行分离，而且科研的比重将会增大，风险也会随着科研比重的增大而增大，但是有可能得到较高的投资回报率，正所谓高风险高回报；如果开发的微生物的相关研究已较为成熟，并已有一定的或类似的生产化或应用化先例，则既可以参照文献进行菌种分离，也可通过购买或向特定机构索取相关菌种，再进行必要的应用研究和商业开发，就能相对容易地实现生产化和应用化。

但无论开发何种微生物资源，也无论开发目的为何，微生物资源开发的过程，主要涉及具备生物遗传功能的微生物种的分离、筛选和鉴定等工作，以及该微生物、微生物有机体及其成分、代谢产物、排泄物、伴生物或衍生物等的相关应用研究和商业化开发等工作。

微生物资源开发的一般程序可以归纳为：总体设计→菌种分离→筛选鉴定→应用研究→专利申报→生产报批→正式投产（图 2-1）。

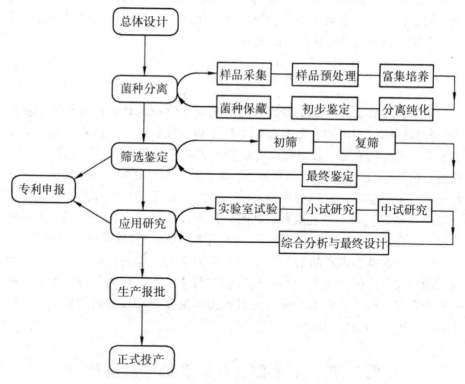

图 2-1　微生物资源开发的一般程序

一、总体设计

开发工作，是把抽象的概念最终转化为具体的产品的过程。这一切的实现，必须要有科学、可行和具体的总体设计作为行动前提和指南。而微生物资源开发，尽管需要进行探索和科学研究，但其绝非是一般的科研活动，其目的和核心均是市场。因此，微生物资源开发应当是一种借助科研技术方法而进行的以市场为核心的商业活动。

在进行总体设计时，应将市场机会、目标市场潜力、投资需求、风险、同类型或用途类似的产品的优缺点、产品竞争力、前期工作基础、技术可行性、生产能力、收益性、国家政策法规等一系列信息综合起来进行分析，从而明确开发目的，提出产品概念，进行产品初步设计和拟定产品开发框架等，并最终形成详细、具体的开发方案。而在最终决定之前，还可预先进行小规模的试验和调查，以对某些观点和方法进行验证和修正。

值得注意的是，创新始终是微生物资源开发的灵魂。这种创新，可以具体体现在菌种资源本身或其用途的"新"、微生物代谢物本身或其生物活性的"新"、技术方法或生产工艺的"新"等。但从某种意义上讲，也不必刻意地去追求所谓的"创新"。其原因如下：

（1）"新"不一定就具有市场竞争力，这与学术研究不一样，所以一定要跳脱出科研思维，一切从市场出发。

（2）因为微生物资源开发的真正兴起不过几十年，而目前人类对整个微生物资源的认识和利用还不到1%，故从某种意义上讲，在当前时代背景下，凡从事微生物资源开发几乎就等同于创新。

总之，进行总体设计是开展微生物资源开发工作的前提和指南，这既要借鉴科学研究的技术方法，又要以市场为核心，跳脱出科研思维。总体设计一旦确定，应始终贯彻执行。

二、菌种分离

在微生物资源开发过程中，菌种的分离不仅是源头性工作，更是核心的环节。因为无论是生产微生物类产品，还是将微生物作为一种特殊用途的工具，菌种都是最主要和最直接的生产者或执行者。如果无法获取符合开发目的的菌种，并将其作为资源保藏起来，那么一切将是空谈。

菌种分离，就是依据开发目的和产品设计，找寻和获取能满足生产或应用所需的目标菌种，并使其成为在遗传水平上稳定的菌种资源。而这一工作，主要包括样品采集、样品预处理、富集培养、分离纯化、初步鉴定和菌种保藏等环节。

（一）样品采集

样品采集，是指从自然或社会环境中采集可能含有目标菌种的样品的过程。

微生物无处不在。微生物的这一特点，尽管暗示了微生物资源的易获得性，但同时也提醒着微生物学工作者，就某一具体的目标菌种的挖掘工作而言，"无处不在"反而使工作容易"摸不着头脑"。

若不知从何下手，最实用的一条经验便是：从土壤中挖掘。土壤被称为微生物的"大本营"和"资源宝库"，几乎大部分的微生物种类都会出现在土壤中。所以，当自己不知道该如何获取目标菌种时，试着从土壤环境入手。

当然，这种方法还是少用比较好，因为土壤环境中的微生物定向性较差、随机性太强。在进行目标菌种分离时，样品的选择和采集可以通过以下方式获得：

（1）在富含微生物目标作用对象的环境中进行采样。

（2）根据微生物的生物学特性进行采样。

（3）在人类较少涉足的环境下进行采样。

（二）样品预处理

采集完样品后，在运输的过程中为了防止目标菌种失活，应该采取有效的措施来保藏菌株。一般情况下，将采集到的样品保藏在低温、避光和厌氧的条件下是十分必要的。

需要注意的是，样品离开其自然生长环境后，会对环境的某一变化产生不适应，很有可能出现应激反应；如果样品在运输的过程中没有妥善地保存好或者由于路途比较遥远，保藏的时间有点长，则会导致微生物的亚致死性损伤。上面讲述的两种情况，虽然不会对微生物造成直接的死亡，但是有可能使微生物进入"存活但不可培养"状态。处于"存活但不可培养"状态下的微生物在生理上会发生明显的变化，尽管其仍具有代谢活性，但是用常规使用的方法已经不能够使样品继续生长。在现有的培养技术水平下，处于这种状态的样品就可以宣布其"死刑"了，显然，这对目标菌种的分离是非常不利的。所以，在运输样品的过程中，要对样品进行妥善的保藏，并且应该进行快速的处理是非常有必要的。

关于样品的预处理，为利于开展后续的富集与分离工作，对于非液体形式的样品，可用适量缓冲液将微生物从样品中洗脱出来，并收集为液体形式，即匀质处理。而样品中的大颗粒杂质，可通过过滤或低速离心等处理方式去除掉。

（三）富集培养

在进行菌种分离时，往往面临如下事实：

（1）样品中通常混杂有大量杂菌。

（2）目标菌种的数量通常较低。

这显然不利于目标菌种的高效分离。因此，在对样品进行分离培养之前，先进行富集培养，使目标菌种成为样品中的优势菌群，则可大大提高菌种分离的成功率。

富集培养，又称为加富性选择培养，是指对目标菌种进行"投其所好"的培养，具体为：将样品置于适于目标菌种而不适于其他微生物生长的条件下进行培养，最终使目标菌种被快速扩增并成为混菌培养物中的优势菌种（图2-2）。

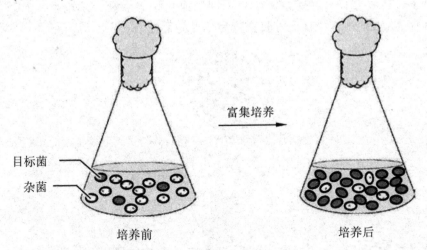

图2-2　富集培养示意图

进行富集培养，实际上是对培养条件（培养基成分、温度、pH值和氧气量等）进行有针对性的控制。一般而言，选用合适的加富性选择培养基就可较为简便地开展富集培养了。

值得注意的是，在进行富集培养时，应采用液体培养的方式，这有利于目标菌种的快速扩繁。

（四）分离纯化

微生物在自然界中常呈现出不同种类混居在一起的情况，由于目标菌种形体太小、外貌特征不明显，所以很难从样品中直接通过肉眼挑选、分离出来。然而，开展一切微生物研究或相关生产实践，一般都要求获得微生物的纯培养物。这就意味着，必须采用一种科学且简便的方法，彻底排除一切杂菌，才能获得"纯种"的目标菌种。

1. 抑制性选择和鉴别性培养

之前对样品所做的富集培养，虽然能够直接地提高目标菌种的数量，也能间接减少杂菌的数量，但是仍然不能达到彻底除杂的效果，所以得到的培养物仍然是"不纯"的。因此，在富集培养之后，应采用选择强度更高的抑制性选择培养法来对目标菌种进行分离纯化。

抑制性选择培养，是指对混杂于目标菌种中的杂菌进行"投其所恶"的培养，具体为：将样品置于不适于杂菌生长而又不影响目标菌种生长的条件下进行培养，最终使杂菌生长受抑制或直接被致死，理论上仅有目标菌种存活（图2-3），从而可收获较为纯种的目标菌。

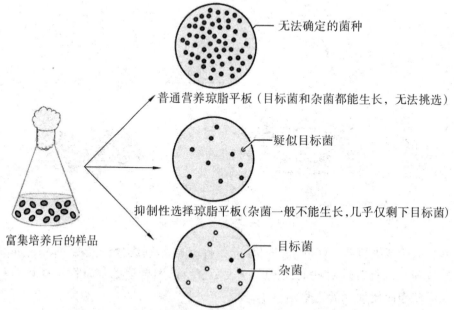

图2-3　抑制性选择培养与鉴别性培养的联用效果示意图

尽管作用原理不同，但实际上，抑制性选择培养同富集培养一样，也是对培养条件进行有针对性的控制。

在实际的分离过程中，通常并不采取"富集培养+抑制性选择培养"的方式，原因主要有两点：

（1）在进行抑制性选择培养时，通常采用的是固体平板培养的方式，因为这比较有利于通过单菌落来挑选和分离目标菌种。而富集培养，通常采用的是液体培养的方式，以求能快速对目标菌种进行扩繁。故培养基物理形态不同，不能采取"富集培养+抑制性选择培养"的方式。并且，在未进行富集培养前，样品中目标菌种的数量水平通常是比较低的，如果直接采用固体平板分离培养，一般很难出现明显的目标菌的孤立单菌落。

（2）抑制性选择培养虽然在理论上仅针对杂菌，但实际上，很难设计出一种仅对杂菌产生抑制作用而又对目标菌种完全没有负面影响的完美培养条件。特别是考虑在未进行富集培养前，样品中目标菌种的数量水平通常是比较低的，如果贸然直接开展抑制性选择培养，很可能会对目标菌种造成亚致死性损伤，最终导致目标菌种难以被分离培养出，甚至还可能使其进入"存活但不可培养"状态。故在实践中，应先开展富集培养，再进行抑制性选择培养。

需要注意的是，在进行抑制性选择培养时，通常需要联合鉴别性培养，以提高目标菌种的分离效率。鉴别性培养，是指利用鉴别性培养基对样品中的微生物进行"染色培养"，具体为：在培养基中加入特殊的营养物与特定的显色剂，使目标菌种经过培养后可长出具有特定颜色的菌落，从而只需用肉眼观察就能方便地鉴别并挑选出目标菌种。

将抑制性选择培养与鉴别性培养二者联合的原因在于：在实际的分离过程中，抑制性选择培养很难百分之百地抑制杂菌的生长，平板上仍会出现少数杂菌，这将给分离纯化工作带来严重干扰。但如果联合鉴别性培养，那么即使平板上混有杂菌，仍可通过菌落颜色来快速鉴别并挑选出目标菌种，从而大大提高分离纯化的准确率和效率。

总之，通过抑制性选择培养和鉴别性培养，便可从样品中将目标菌种有效分离出。此后，再将所得的目标菌种通过数次的平板划线（或其他方法）转接，直至所得平板上所有单菌落的菌落特征一致，并且符合目标菌种的菌落特征，即可认为获得了目标菌种的纯培养物。当然，为求严谨的结果，还应进行显微镜观察和鉴定，在菌落纯化的基础上实现细胞纯化。

2. 菌种驯化培养

菌种驯化，或菌种驯养，是指通过人工措施使微生物逐步适应某一条件，从而可实现定向选育和获取目标菌群的一种方法。通常，在采集到有目标菌群的样品后，对样品进行驯化培养，从而获得有效力的目标菌群。例如，许多酿造食品所用的"曲"、处理污染物所用的菌剂等，都是通过这种方法获得的。而此后，还可根据实际需要，借助于宏基因组学等现代分子生物学技术，将驯化后的目标菌群中的优势菌种纯培养分离出来，并将其开发为一种强化型菌剂，以便在日后使用时可辅助或增强原目标菌群的作用效果。

3. "菌种"分离

随着宏基因组学及其相关技术的兴起和发展，通过直接从环境样品中提取全部微生物的 DNA，就可构建一个庞大的宏基因组资源宝库。而通过对所有基因组进行生物信息学分析，找出可表达目标代谢物的基因，再对其进行克隆、重组和外源性表达，就有潜力实现"目标代谢物的无菌种化生产"。这对于微生物资源的开发，特别是对处于"存活但不可培养"状态的微生物而言，将是一种充满潜力的技术方法。

（五）初步鉴定

不同于微生物分类学的系统性研究，在微生物资源开发过程中，对菌种的鉴定往往以实用为主。尤其在菌种分离阶段，由于分离到的菌株可能有十几株甚至上千株，为节省资源并提高整体开发的工作效率，仅仅开展初步的鉴定即可。

实际上，在之前进行的样品采集、富集培养和分离纯化过程中，由于采取了有针对性的措施，如针对目标菌种的相关特性进行了样品采集，又针对目标菌种的营养特性进行了富集培养，再针对目标菌种的生理生化特性进行了抑制性选择培养和鉴别性培养，因此，若已获得了具有目标菌种特征的微生物，那么，基本上可认为已经分离到目标菌种。

为了确保结果的严谨性和准确性，根据目标菌种的主要生产性状，对所分离出来的培养物进行检测。例如，若目标菌的主要生产性状是分泌抗生素，则可通过简便的方法，快速测定所分离菌株是否具备此性状。

如有条件，也可依据易于测定的形态学、生理生化、生态学等鉴定指标，采用简便的方法，快速对所分离菌株进行常规的鉴定。这也有助于在分类后通过文献查阅而获得更多所分离菌种的生物学特性，能更科学合理地安排后续的开发工作。

（六）菌种保藏

保藏，从字面意思理解有"保护"的意义外，在微生物学中还有其他重要的意义。因为微生物特别小、特征不是很明显，而且很容易发生变异，所以为了防止来之不易的菌种衰退、丢失或受污染，将菌种进行妥善保存是非常重要的，也是关键的一步。不然，前期所做的工作都会变得毫无意义，而且还会影响后续的工作。特别是欲将某微生物作为一种资源进行利用，更是要保障其遗传稳定性。

菌种保藏，就是通过科学合理的方法，使菌种"不死、不衰、不乱、不污染"，特别是要保持其原有的生物学性状、生产性能的稳定。

开展菌种保藏工作要遵循如下原则：

（1）选用性能优良、有应用价值或具有生物学研究意义的菌株进行保藏。

（2）人工创造条件，在防止微生物死亡的基础上，抑制微生物的生长、代谢活动，以防止其变异。

（3）如有条件，应选用菌种的孢子或芽孢等代谢活动水平较低、环境抗逆性强，但又具有繁殖潜力的构造进行保藏。

菌种保藏的方法有很多，可依据保藏目的进行合理的选择。一般有定期转接保藏法、液状石蜡保藏法、沙土管保藏法、甘油保藏法、真空冷冻干燥保藏法和液氮超低温保藏法。

三、筛选鉴定

优良的菌株，不仅能生产出高性能的产品，更能提高生产效率以及易于进行工艺控制。因此，菌种筛选是一项极为重要的前期工作。

菌种筛选，就是对分离获得的纯培养菌株进行生产相关性能（表2-1）的测定，从中选择出性能优秀、符合生产要求、安全性高的菌株。

表 2-1 微生物菌种资源的生产相关性能概述

类别	拟生产的产品类型	生产相关性能举例
主要生产性能	菌体类产品	菌体的目标生物学活性功能（如固氮菌的固氮能力、真菌杀虫剂的杀虫能力与作用范围、益生菌的定植生长能力、发酵剂的发酵效率等）、菌体的目标营养与保健功效（如饲用酵母的细胞蛋白含量、食用菌菌体的营养成分或活性物质含量）等
	代谢物类产品	目标代谢物的质量与产量（如抗生素的杀菌效果与产量，有机酸、醇类、维生素、氨基酸、多糖等的质量与产量等）等
	酶制剂类产品	目标酶的效力与产量（如淀粉酶的活性与产量、纤维素酶的活性与产量等）等
	发酵物类产品	目标产物的发酵效果（如酸奶、腐乳或青贮饲料等的感官品质与成品速率等）
次要生产性能	所有类型	菌体的生长繁殖能力（进行培养时快速产生营养细胞、孢子或芽孢等的能力）、廉价培养原料的耐受性（培养时菌种对廉价营养物、低营养水平培养基、无生长因子培养基的适应与利用的能力）、环境抗逆性（如抗高温、耐酸碱、抗噬菌体、耐受高浓度代谢终产物等抗不良因素的能力）、遗传稳定性（不易突变、易于保藏的能力）、易改良性（对诱变剂敏感、易于基因操作等的性能）、产副产物能力（是否会产生非目标性的发酵副产物）等
安全性能	所有类型	致病性（是否具有感染人或其他生物的能力）、产毒害物质能力（是否会产生威胁生物健康或破坏生态环境的有毒有害物质）、致敏性（菌体或产物是否会引起人或动物白等病理性过敏反应）、毒理性（菌体或其产物与机体接触后是否会产生急性或慢性毒理作用）等

　　筛选的工作量是非常巨大的。因为经过前期的分离纯化，得到的目标菌种往往有十几株甚至几千株。如果对每一目标菌株进行相关成产性能测定，这样不仅费时费工，还会对资源造成一定的浪费。所以，从经济和效率两方面进行考虑，菌种的选择应该分为两步进行，分别是初筛和复筛。最后还要对筛选出来的具有应用或商业价值的优良菌种进行一系列的必要鉴定。

（一）初筛

初筛，是一种相对"粗放"的筛选，是对所有分离菌株仅进行最主要生产性能的测定，进而从中挑选出10%～20%的潜在优良菌株。

科学的初筛，一定要抓住分离菌株最主要的生产性能，而暂时"舍弃"其他性能；并且，测定的方法应具有快速、灵敏和经济的特点。最省时省工的初筛方法就是：利用和创造一种"形态—生理—性能"之间三位一体的筛选指标。因为形态性状是最方便测定的，其通过观察甚至是肉眼观察就可以完成，故如果能找到形态与其他两者之间的相关性，甚至设法创造两者之间的相关性，则可大大提高初筛的效率。

（二）复筛

复筛，是一种全面而又精细的筛选，是对初筛后的分离菌株进行一系列主要和次要生产性能以及安全性的测定，最终从中挑选出1～5株具有应用或商业价值的优良菌株。

科学的复筛，需要通过以下三步来进行。

（1）要对分离株的主要生产性能进行严格、精确的测试。这必须进行大量设置有平行样品和重复试验的培养、分离、分析、测定和统计等工作。尽管不允许"偷懒"，必须保障测定结果的准确性，但也应该尽可能采用或创造高效的筛选方法。值得注意的是，既然复筛的最终目的是筛选出具有应用或商业价值的优良菌株，这就意味着，不能局限于实验室环境下开展试验，还应当在产品预期的生产和使用的实际环境条件下进行必要的试验。

（2）也要兼顾次要生产性能。尤其如菌体的生长繁殖能力、廉价营养原料的耐受能力、环境抗逆性等性状，这些不仅会影响发酵周期、发酵成本、生产效率以及工艺的控制，还可能会影响如活菌类等产品的实际使用效果。因此，在择取主要生产性能优良菌株的同时，对这些菌株进行次要生产性能的测定和进一步筛选尤为重要。

（3）一定要进行安全性能的筛选，这不仅关系到生产者的人身安全问题，更关系到消费者的人身安全以及生态环境的安全。生产菌株至少不能是致病菌或在系统发育上与病原菌具有较近的亲缘关系，并且不产生毒害物质等。如有必要，还应开展动物实验，以确认菌株的安全性能。

筛选出的优秀菌种一定要妥善保藏，待最终鉴定后，应及时进行专利申请以获得知识产权保护。

（三）最终鉴定

最终鉴定，是指在完成菌种筛选后，对具有应用或商业价值的优良菌种或其目标代谢物等进行一系列必要的鉴定。

所谓"必要"，是指在进行专利申报或生产许可证申请时，都需要提供必要的菌种分类学信息或代谢物理化性质、结构、作用机制等信息。特别是进行生产许可证申请时，要求较为严格，故应遵照相关法规、政策，做好相应的鉴定工作。

四、应用研究

在经过筛选而获得优良菌种后，便可着手进行一系列应用研究。应用研究，是一种针对特定的应用目的而开展的科学研究。在微生物资源开发过程中，其是指为实现利用所得菌种生产出符合预期的产品而进行的一系列必要的研究工作。

应用研究在微生物资源开发过程中的地位是非常重要的，是科研通向生产的桥梁、概念转化为产品的主要途径。当面临的是一种从没有深入研究过的微生物时，进行相关的应用研究就显得格外重要。此外，应用研究的结果，也是日后进行生产许可证申请时需提供的一系列必要支撑材料的重要来源，因此，做好应用研究才能实现产品的最终投产上市。

应用研究要一切以市场为核心、一切从实用出发，其内容应包括实验室试验、小试研究、中试研究和综合分析与最终设计等。

五、专利申请

专利，是一种保护知识产权的形式，是由政府机关或权威组织根据申请而颁发的一种文件，这种文件不仅记载了发明创造的相关内容，还在一定时期内具有这样的法律效力。对于受到专利保护的知识，专利权人将享有独占实施权；如果他人欲使用或实施某项专利，必须得到专利权人的许可，否则将受到法律的制裁。

微生物资源开发本就是一项具有创造性的活动，因此，在此过程中可能会获得新的菌种或化合物，发明创造出新的技术方法、生产工艺、产品配方、产品外观等。这些都是极有可能创造出巨大经济效益的知识，理应申请专利以获得法律保护。特别是考虑到资源开发又是一项极为艰巨、资金与精力投入均很大的工作，在竞争日益激烈的当今市场，资源开发工作者必须运用好专利这个法律手段，以保障自己的劳动成果，并最终促进微生物资源开发工作的健康发展。

在微生物资源开发过程中，专利申请的时机可在筛选鉴定或应用研究之后。在我国，专利分为发明专利、实用新型专利和外观设计专利三种类型。在进行申请时，应依据所申请的类别和内容，遵照相关法规准备申报材料。在我国，必须遵照《中华人民共和国专利法》进行相关申请活动，而专利授予的唯一合法机构就是中华人民共和国国家知识产权局（以下简称"国知局"）。

发明专利的申请流程一般为：确认技术交底材料→撰写申请文件→提交"国知局"→"国知局"受理→初步审查→专利公开→实质审查→专利授权→发放专利证书。而其他类型专利的申请流程一般为：确认技术交底材料→撰写申请文件→提交"国知局"→"国知局"受理→专利授权→发放专利证书。

其中，菌种专利是比较特殊的。专利法规定，动物和植物品种不授予专利权，但微生物菌种却不在此之列，故可以进行申请。但不是任何新分离的、未被报道过的"新发现"菌种都可以申请专利。

能授予专利的菌种主要分为以下四种：

（1）必须是纯培养物。

（2）菌种必须具有工业实用性或具有一定的应用价值，即一般是能用于生产的生产菌种。

（3）通过不具有重现性的方法获得的菌种。例如，必须从非常特定的自然环境下分离的菌种或通过人工诱变获得的突变株等，除非申请人能够给出充足的证据证实这种方法可以重复实施，否则不予受理。

（4）对于公众不能得到的菌种，必须在指定的机构进行保藏后，才能授予专利。

我国国家知识产权局指定的保藏单位有：中国微生物菌种保藏管理委员会普通微生物中心和中国典型培养物保藏中心。

化合物（微生物代谢物）专利，既可以是基本专利（新的化学物质）、从属专利（组合物等），也可以是方法专利（制备或生产方法）或用途专利（新物质的新用途或已知物质的新用途）等。其中，基本专利是核心，如果一个化合物本身已受到专利保护或专利还未到期，那么他人通过任何方法制备、生产得到该物质后，均不能进行销售等商业行为。

生产工艺专利，即产品专利，如果一种产品的生产工艺取得了专利，我们也常说该产品是一种专利产品。工艺专利，是指专利申请人要求保护产品的生产制备方法，包括工艺流程、工艺参数和工艺配方等，以确保法律范围内专利权人"垄断"该产品生产的权利。生产工艺通常只有取得发明专利（而不是其他类型的专利）后，才能得到有效保护。在微生物资源开发过程中，一旦取得了某种生产工艺或技术方法的新突破，理应申请专利保护。

值得注意的是，专利并不是"无坚不摧"的保护盾，其实质是通过公开以换取保护，并且需要受到充分保护的地方就必须充分公开，这意味着必然存在技术泄露的风险。特别是社会的发展日新月异，而法律的条文并不一定能迅速地做出适应和调整，专利也就不能百分之百地保障专利权人的所有权利。因此，在微生物资源开发过程中，所取得的某项重要核心技术，要么不申请专利而另求他法保护；要么在申请专利时，在符合法规的情况下不公开最为核心的内容，毕竟，不要求保护的地方，就可以不公开，这合理合法——符合专利授予的适度揭露性原则。另外值得注意的是，因专利授予时要依据新颖性和创造性原则，故某项研究成果若已经以学术论文的形式公开发表过后，一般将不能被授予专利。

六、生产报批

经过前期的努力，虽然已经具备了生产某种产品的能力和条件，但并不意味着就具有生产的资格。对一些不能通过消费者自我判断、企业自律和市场竞争等机制有效保证产品质量安全的产品，为保障其质量和消费者权益，国家实施了"生产许可证"制度，并制定了相关目录。如果企业生产目录内的某种产品，就必须先要取得相应的生产许可证，否则，将不具有生产的资格。若进行无证生产的话，将被追究法律责任、承担严重的法律后果。

在我国，农业用途产品的生产许可证，由中华人民共和国农业部总实施，如肥料生产许可证、农药生产许可证、兽药生产许可证和饲料生产许可证等；工业用途产品的生产许可证，由中华人民共和国国家质量监督检验检疫总局（简称"质检总局"）总实施，如全国工业产品生产许可证；食用、药用或保健用途产品的生产许可证，由中华人民共和国国家食品药品监督管理总局总实施，如药品生产许可证、食品生产许可证、保健食品生产许可证等。

无论何种类型的微生物产品，要想取得生产资格，都必须以上述用途的产品形式进行报批。但产品具体以何种用途形式进行申报，既要依据生产目的，也要考虑客观生产条件和生产水平。一般而言，食品、药品和保健品等产品，审批较为严格，周期也较长，尤其是在国际、国内未曾销售过的新产品，过审难度更大。

生产许可证申请的流程一般为：准备和确认材料→撰写申请→提交→相关机构受理→现场审查→产品样品检验→专家论证→汇总审定→发证。而申请者除了需要提交必要的材料外，还必须在之前就已取得营业执照、环保、卫生证明等证件。

当获取生产许可证等必要生产资格证明，并办理好一切经营手续后，便可进行生产试运行。生产试运行时，要在生产实践中对生产工艺、管控及协调机制以及产品性能等不断进行评价和优化。当一切已顺利完成，便可正式投产上市。

第三节　微生物资源利用的一般程序

从宏观上讲，微生物资源开发的最终目的，就是实现微生物资源的有效利用。

利用微生物资源生产出有使用价值的产品或完成某项特定任务，便是对微生物资源有效利用的最佳途径。尽管微生物种类繁多，生物学特性差异较大，生产目的也不相同，但对微生物资源进行利用的原理却是相同的——利用微生物的某项生命活动来生产有用产品或执行某项任务。

微生物资源利用的实质，是将微生物作为一种生物转化器、生物反应器或生物工具，利用微生物的某项生命活动将低价值的劣质资源生产加工为高价值的优质产品，或执行某项特殊任务的过程。而这些过程中所利用的微生物生命活动，主要是微生物的各种代谢以及生长繁殖活动。

综上所述，对微生物资源进行利用的过程，实际上包含了对微生物进行培养、发酵、产物分离和产物应用等过程。不管微生物资源是以何种方式被利用，它的一般程序都可以概括为：菌种活化→扩大培养→发酵控制→产物分离→产物应用。具体过程如图2-4所示。

一、菌种活化

菌种活化，是将待使用的菌种先用小型培养器具进行小规模活化培养的过程。一般在实验室内完成，主要目的是使被长期保藏过后的生产菌种

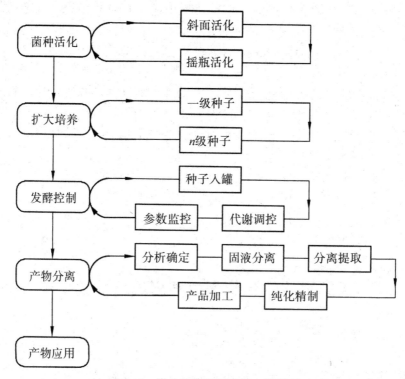

图 2-4　微生物资源利用的一般程序

恢复活力和生产性能。

　　菌种一般都是通过冷冻进行保藏，将其取出后，可先进行斜面菌种活化培养（图 2-5）。一般而言，在进行斜面培养时，细菌多采用 C/N 较低的培养基，有机氮源常用牛肉膏、蛋白胨或酵母细胞浸提物等；培养温度多为 37℃，也有部分为 28℃；培养时间一般为 1 ～ 2d，但产芽孢细菌则可能需要培养 5 ～ 10d。

　　放线菌多采用 C/N 较高，但碳源、氮源物质限量（碳源约 1%，氮源约 0.5%）的培养基，因为碳、氮源物质过于丰富，不利于孢子的形成；培养基可用麸皮、豌豆浸汁、蛋白胨等作为原料进行配制；培养温度多为 28℃，部分为 30℃或 37℃；放线菌的培养时间一般较长，多为 4 ～ 7d，而有些则需要 14d 左右。

　　而霉菌的斜面活化培养基一般采用 PDA 培养基或察氏培养基，亦可采用大米、小米、玉米、麸皮、麦粒等 C/N 较高的农产品或副产品作为天然培养基，直接进行培养；培养温度一般为 25 ～ 28℃，培养时间为 4 ～ 14d 不等。

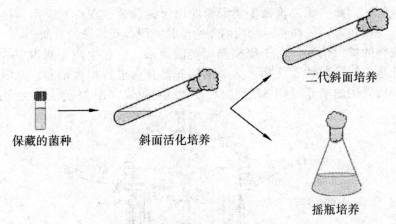

保藏的菌种　　　　斜面活化培养　　　　二代斜面培养

摇瓶培养

图2-5　菌种活化培养示意图

　　酵母菌的活化培养则可采用 PDA 或麦芽汁培养基，培养温度一般为 20～30℃;酵母菌在四大常见微生物中生长速度一般仅次于细菌，其培养时间多为 1～3d。

　　待进行斜面活化培养后，可根据菌种的生物学特性，进行第二代斜面培养或进行摇瓶（液体）培养。一般而言，对于产孢子能力较强的微生物（如霉菌等），可采取二代斜面培养的方式来收获大量孢子，并以此孢子作为种子，进行后续的扩大培养。这种方式的优点是操作简便、不易污染杂菌（实质是容易通过菌落判断是否被杂菌污染）。

　　对于不产孢子或产孢子能力不强的微生物（如细菌、酵母菌和放线菌等），可采用摇瓶液体培养的方式以达到快速繁殖菌体的目的。这种方式的优点是扩增效果好，但不易判断培养物是否被杂菌污染。在进行摇瓶培养时，所使用的液体培养基应营养全面且丰富，尤其是氮源物质应丰富一些，这有利于细胞的繁殖或菌丝的生长。

二、扩大培养

　　菌种的扩大培养，也称为种子的制备，或发酵剂的制备，其是指在正式的发酵生产之前，将预先活化过的菌种在较大型的培养器具内进行大规模培养，以获取大量高活力菌种的过程。

　　通过扩大培养，不仅可以达到生产菌种的数量要求，还可以提升发酵效率、缩短发酵周期、降低生产成本，进而有了菌种适应和调整的时机，使菌种的新陈代谢彻底被激发出来，在这种情况下，菌种的各项生产性能能够达到最佳状态，生产转化效率有所提高。此外，扩大培养还有助于接种后的菌种迅速成为发酵体系中的优势菌群，这可大大减少杂菌污染而造成的危害。因此，无论将微生物资源应用于何领域，在对其应用前都应当先进行扩大培养，或在实际使用前先给予其一段自我繁殖的时间。

菌种的扩大培养，由于规模与工艺的要求，应在生产车间内完成。可将活化培养后的菌种直接接入大型的培养器具内进行扩大培养。此阶段的培养，所采用的培养器具一般称为种子罐或增殖罐（图2-6）。较为专业和

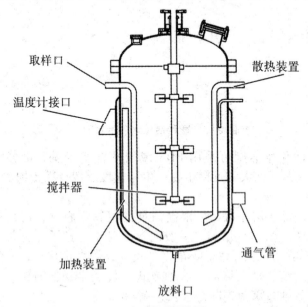

（a）侧面视觉图

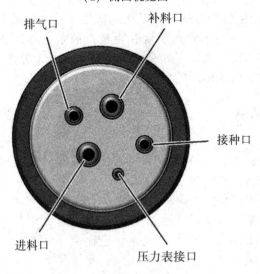

（b）顶部视觉图

图2-6　种子罐结构示意图

先进的种子罐，其容积一般在 50～20000L 不等；采用不锈钢或碳钢材料封闭式制成；在罐顶上装有培养基进料和补料管接口、接种用的接种管接口、监测罐内气压的压力表接口等，在罐身上有加热装置、散热用的冷却水进出口装置、监测温度变化的温度计的接口（先进的种子罐还配置有监测 pH 值和溶解氧的电极）和取样监测用的取样口等，罐的底部还有放料口等；若是进行好氧培养，则还需要有通入灭菌空气的通气管接口、排出废气的排气管接口，以及极为重要的、驱使氧气与菌体充分接触的搅拌器。并且，种子罐还配备有可通过蒸汽的灭菌装置，可进行带罐灭菌。

通常，在较为先进的生产工艺中，种子罐与发酵罐相邻相连(图 2-7)，

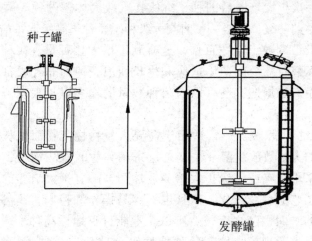

（a）单级种子罐扩大培养

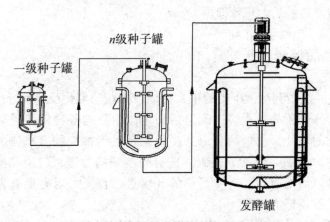

（b）多级种子罐扩大培养

图 2-7　种子罐与发酵罐连接示意图

方便菌种经扩大培养后通过管道接种而直接输入发酵罐内进行发酵，这不仅能减少人员操作、缩短生产周期，更重要的是可以保障发酵液不受杂菌污染。

在进行扩大培养时，既可采取单级，亦可采取多级种子罐扩大培养的方式。进行种子罐扩大培养的次数，称为种子罐级数。仅在种子罐内进行一次菌种扩大培养，然后便将扩大培养后的菌种接入发酵罐内，称为单级种子罐扩大培养，而该种子罐称为一级种子罐或就称为种子罐，该种子罐内的菌种则称为一级种子。若将一级种子接入较大体积的种子罐内继续进行扩大培养，则称为二级种子罐扩大培养，所得菌种即为二级种子。以此类推，将前一次扩大培养后的种子继续接入较大体积的种子罐内进行扩大培养，还可得到三级、四级……直至 n 级种子。种子罐级数每增加一级，则所得菌种数量可翻数十至数百倍，这有利于增大接种量。接种量大，不仅意味着可在发酵时减少因菌体适应和生长而浪费掉的非合成目标产物的时间，最终缩短发酵周期，还可以因菌种数量的增多以扩大发酵的规模，最终增大产量。

这种多级扩大培养，非常适用于需要大量目标产物而生长速度非常缓慢的菌种。如大多数放线菌（尤其是链霉菌）生长极为缓慢，为提升发酵效率，通常采用二级或三级扩大培养。然而，随着扩大培养的级数越来越大，使整个工艺流程复杂化，而且也不容易操作和控制，还可能受到杂菌污染，生产的时间也随之变长。所以，不能盲目地提高种子罐级数，要结合生产目的、生产规模、生产菌种特性等合理地选择种子罐级数。例如，大多数细菌和酵母菌因生长速度较快，采用单级扩大培养即可；而霉菌一般采取一级或二级扩大培养即可。

三、发酵控制

发酵——泛指利用微生物的生命活动或其酶的催化反应进行产品生产或执行某项特殊任务的过程。这既包括利用微生物的各种代谢活动进行某种目标代谢物的生产，也包括利用其生长繁殖进行微生物有机体的生产、利用其基因的"复制→转录→表达"进行酶制剂的生产、利用其生命活动对某原材料进行加工改造、对受污染的环境进行修复、对有毒有害物质进行处理、对矿石进行冶炼等。

一般情况下，发酵是微生物资源利用的最核心环节，对微生物资源的利用，实际上是对发酵的利用。发酵的过程一般分为三步。

（1）需要将扩大培养后的生产菌种置于专门的场所内进行发酵。

（2）需要对微生物代谢进行人为调控，以确定目标发酵方向和产物。

（3）要不断对发酵过程进行监控，并对各参数进行控制，以保障发酵的顺利进行。

四、产物分离

为了能够顺利地获取目标产物，首先需要进行的就是发酵。然而，发酵体系是一个非常复杂的、多相共存的系统，在此系统中，由于微生物的种类非常多，进行的生化反应非常复杂，所以，所产生不同种类的产物也非常多；并且，即便是已进行了有效的代谢调节和发酵控制，甚至是菌种选育，但因微生物本身的遗传特性，也不能完全阻止副反应的发生以及副产物的生成。这意味着，分离目标产物将是一项艰巨的任务。

实际上，在微生物发酵中，目标产物浓度一般都很低，仅占发酵液的 $0.1\% \sim 4\%$，这意味着95%以上都是杂质。

发酵的结束并不意味着微生物资源利用的完结，分离和纯化才是最终获得产品的关键环节。如何对目标产物进行有效的分离，将尤为重要。

（一）产物分离的一般程序

因生产目的、生产菌种、产物类别等的不同，发酵产物的分离过程和方法有所不同，但其一般程序可概括为：分析确定→固液分离→分离提取→纯化精制→产品加工。具体过程如图2-8所示。

1. 分析确定

首先，需要确定生产目的。这主要包括：

（1）产品的用途（农用、公用、食用、药用或保健用）。

（2）微生物产品的类型（菌体类、代谢物类、酶类或发酵物类等）。

（3）产品的预期性能（功能和质量）。

（4）市场定位等。

其次，要确定目标发酵产物的性质。这主要包括：

（1）来源（是胞外还是胞内物质）。

（2）水溶性（是水溶性还是非水溶性）。

（3）其他理化性质（酸碱性、pK 值、pI 值、沸点、沉淀反应性质等）。

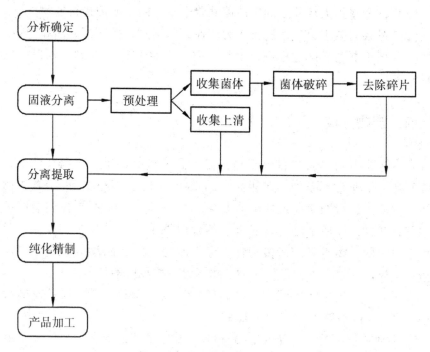

图 2-8　产物分离的一般程序

（4）稳定性（是否能耐受猛烈的处理方式）。

最后，还要对发酵液中目标产物的浓度、杂质的主要种类和性质等进行确定。

将上述信息进行综合分析后，便可设计出分离方案，选择科学合理、经济、简便的方法对目标产物进行分离。

2. 固液分离

一般情况下，目标产物只能分为三种：

（1）微生物有机体。

（2）胞内产物。

（3）胞外产物。

而这些目标产物也不外乎可溶于水，或不可溶于水。因此，可采取固液分离的策略，先对目标产物进行粗分离。

在进行固液分离前，可采取适当的方法（如加热、调节 pH 值、活性炭脱色、絮凝剂絮凝等）对发酵液进行预处理，以改善发酵液的处理性能，提升后续分离的效果。

随后，便可采取离心或过滤的方法，实现固、液两相的分离。目标产物若不在固相，则必然在液相；反之，亦然。

目标产物若是微生物菌体，则在固液分离后便可立即收集不溶于水的菌体，之后可进行下一步；若是胞外产物，则可先收集上清液，之后便进行下一步；若是胞内产物，则需先进行细胞破碎，并再次通过固液分离的方法收集目标产物，最终再进行细胞碎片杂质的去除，便可开展下一步工作。

3. 分离提取

分离提取，是指除去与目标产物性质差异很大的杂质的过程，以实现目标产物的浓缩。常用的分离方法有沉淀、吸附、萃取和超滤等。相对而言，此部分的工作容易进行，但应采用温和的方式，避免对目标产物造成破坏。此外，还应避免带入新的杂质。

4. 纯化精制

纯化精制，是除去与目标性质相近的杂质的过程。这也是整个产物分离工作中最为艰巨的任务，此项工作的成败将直接影响最终产品的性能和价值。通常采用对目标产物有高速选择性的分离技术，如层析、电泳、离子交换等方法。而通过结晶，特别是重结晶，通常也能获得纯度较高的产物。

5. 产品加工

产品加工，是以精致后的目标产物为原料，依据产品设计和国家相关法规、标准等对产品进行生产的过程。这也是整个微生物开发与利用的最终环节，理应做好收尾工作。

（二）产物分离的原理及方法概述

除了小分子物质如氨基酸、脂肪酸、固醇类及某些维生素外，几乎所有有机体中的大分子物质都不能融化和蒸发，只限于分配在固相或液相中。因此，要人为地创造一定的条件，让这些大分子物质在这两相中交替转移，"溶解→沉淀→溶解"或"沉淀→溶解→沉淀"，使目标产物与杂质分开，最终实现目标产物的分离纯化。

第四节　微生物资源开发利用的关键技术

微生物资源的开发与利用，除了需要掌握扎实的理论基础，还需要掌握开发利用微生物资源的关键技术，只有这样，才能真正地将理论知识转化为实际应用。

微生物资源开发利用的过程中，会有各种各样的工作需要我们来做。尽管不同微生物资源的开发利用所使用的方法不一样，所要完成的工作也不一样，但是都要以"无菌操作""灭菌""培养"和"显微观察"这四大微生物学核心技术为基础的。掌握这四大核心技术，是有效开展微生物资源开发利用的前提和保障。

一、无菌操作

在从事微生物工作的人员，必须有一种观念深刻地留在脑海中，那就是"处处有菌"。由于微生物无处不在，并且人是看不见和摸不着的，所以在微生物实验的操作时，要时刻注意防止杂菌污染和病菌感染。要想实现这一情况，相关研究人员必须掌握无菌操作。

无菌操作，就是在无菌的环境下，利用无菌的器具和设备，并在始终采取一切防止杂菌污染和人员感染的措施下所进行的一系列微生物学操作。

进行无菌操作有四个最基本要求：

（1）保证操作环境、器具和设备的无菌。

（2）始终具有防范杂菌污染的意识，并采取相应的措施进行污染防控。

（3）始终具有防范病菌感染的意识，并采取相应的措施进行感染防控。

（4）一系列必要、规范的操作。

要实现操作环境的无菌，就需要使用专业的设备和场所，如超净工作台、生物安全柜以及无菌室（图2-9）。

需要我们注意的是，研究人员时刻具有防范杂菌污染和病菌感染的意识，这远比拥有先进的设备更加重要。

二、消毒与灭菌

开展绝大多数微生物学工作，不仅要求在无菌的环境下进行，还要求对

（a）超净工作台

（b）生物安全柜

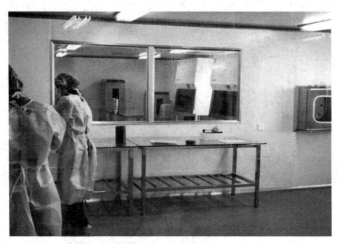

（c）无菌室

图 2-9　无菌操作环境

相关材料、器皿、培养基和器具等进行严格的消毒或灭菌处理，方可使用。尤其是培养基，如果不进行有效的灭菌而放任杂菌丛生，不仅无法获得纯培养物，还将导致大量原料被浪费。

（一）发酵培养基的灭菌

在实际生产中所用到的培养基，不仅量大，而且要想在运输的过程中不受到任何的污染是非常困难的。和实验室使用的灭菌方法是不一样的，常用到的灭菌方法有分批灭菌和连续灭菌。

（1）分批灭菌，是指带罐灭菌，即将配置好的培养基输送至种子罐或发酵罐后，连同这些设备一起进行灭菌。

（2）连续灭菌，是指不带罐灭菌，即将培养基在入罐前先经过专业设备灭菌并冷却后，再连续不断地输送至种子罐或发酵罐内。

上述两种方法，均是采用高压蒸汽灭菌的原理。但两者的不同之处就是使用的灭菌温度和时间是不一样的。连续灭菌为高温短时（如 130℃，5min），而分批灭菌所使用的温度要低于连续灭菌（105～121℃），而所持续的时间也要长于连续灭菌（20～30min）。

通过两种方法的比较，连续灭菌具有很多分批灭菌没有的优点，尤其是在进行大生产规模时，能够提高发酵罐的利用率。连续灭菌的优点主要有以下几点：

（1）可采用高温短时灭菌，培养基受热时间短，营养成分破坏少，有利于提高发酵产率。

（2）发酵罐利用率高。

（3）蒸汽负荷均衡，灭菌效果好。

（4）采用板式换热器时，可节约大量能量。

（5）可进行自动控制，劳动强度小。

但分批灭菌也有工艺简单、设备造价相对低廉、不易污染杂菌等优势。

通常分批灭菌适合小规模生产，连续灭菌适合大规模发酵。在食用菌栽培和白酒的酿造中，培养基的灭菌，相当于分批灭菌。

（二）生产车间消毒

对于空间较大、比较开放的生产车间环境，一般做到消毒即可。而消毒的方法，主要是利用紫外线和各种化学消毒剂等。

三、菌种培养

菌种培养是微生物四大核心技术中最重要的技术，上述的无菌操作与灭菌，均是为菌种培养做准备的。

除了最常规的接种培养外，在微生物资源开发过程中，还需要进行菌种分离、筛选和鉴定等重要工作，而这些工作都需要以特定功能性的培养方法为基础，才能顺利开展。这些特定功能性的培养，主要是分离培养、选择性培养以及鉴别性培养，它们堪称微生物学中最重要的三大培养技术。

（一）接种培养

所谓接种，实际上就是给微生物"搬家"——把微生物从一种培养基质中转移到另一种培养基质中的过程。例如，从所采集的环境样品中将目标菌接种至人工培养基中，将种子罐中的生产菌种接种至发酵罐中，或者将斜面培养的食用菌菌种接种至袋料中进行栽培等，这些均属于接种培养。

1. 接种的方法

由于接种的目的、培养基质的不同，接种的方法主要有以下几种（图2-10）：

（1）斜面划线法。是指通过使用接种环不断连续划"Z"线的方式，将菌种接种至试管斜面培养基上的一种接种方法。常用于菌种的活化培养以及菌种的短期保藏。

（2）平板划线法。是指通过使用接种环不断连续划"Z"线的方式，将菌种接种至平板培养基上的一种接种方法。是进行菌种分离时最常使用的方法。

（3）液体接种法。是指先使用接种环挑取单菌落（单孢子）或使用移液器吸取菌悬液，再将它们接种至液体培养基中的一种接种方法。其是进行富集培养和摇瓶活化培养时最常使用的方法。

（4）涂布接种法。是指先使用移液器吸取菌悬液，再将菌悬液滴加在平板培养基表面，并用涂布棒涂布均匀的一种接种方法。其是进行平板菌落计数时最常使用的方法。

（5）三点接种法。是指使用接种针蘸取孢子后，在平板培养基上点三个位置如同等边三角形三个顶点的接种点的一种接种方法。该方法主要用于观察和鉴定霉菌的菌落。

（6）穿刺接种法。是指使用接种针蘸取单菌落后，穿刺扎入半固体试管培养基中的一种接种方法。该方法主要用于观察和鉴定细菌的运动性。

（7）双层平板法。是指将噬菌体与其宿主、适量半固体培养基混合后，一起浇筑、平铺于平板培养基表面的接种方法。其主要用于噬菌斑的观察，以及噬菌体的分离和效价测定。

（8）工业接种法。如微孔接种法、火焰接种法和压差法接种等。此类方法主要用于发酵生产中。

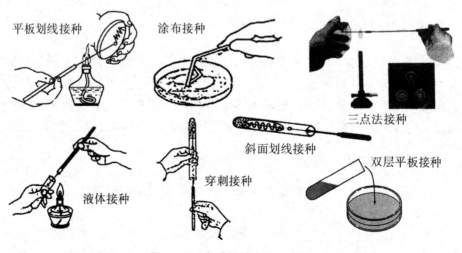

图 2-10　各种接种方法示意图

2. 接种器具

在接种时，实验室常用的接种器具有：接种环、接种针、涂布棒和移液器等（图 2-11）。

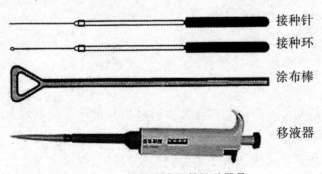

接种针
接种环
涂布棒
移液器

图 2-11 实验室常用的接种器具

（二）分离、选择和鉴别培养

微生物由于个体非常小，各种特征又不明显，并且各种不同种类的微生物常常混居在一起，所以，研究者们很难通过肉眼把目标菌种从众多微生物之中分离、挑选出来，这就需要用一些技术方法，来实现目标菌种的分离。

分离培养、选择性培养和鉴别性培养，便是实现目标菌种分离的方法。在菌种分离时，三者常相互配合使用，以提高目标菌种的分离效率。

1. 分离培养

分离培养，是将不同微生物个体通过一定方法分散或分离开来，并在相对独立的区域进行培养的一种培养方法。在分离培养时，首要任务便是将不同微生物个体分散开来，既可以通过液体稀释的方式将细胞打散分开，也可以通过接种环划线的方式将细胞剥离分开。因此，分离培养的方法，又可分为液体稀释涂布法和平板划线法。

2. 选择性培养与鉴别性培养

选择性或鉴别性培养，都是以分离培养为基础，其同样采用了细胞稀释和分散的原理，只不过在进行培养时采取了一系列更有针对性的控制原理，从而可将目标菌从杂菌中分离出来。

虽然选择性培养与鉴别性培养的原理和方法有所不同,但是在实际的操作过程,还是将两种方法结合起来使用,这样能够有效地提高菌种的分离。

为了实现选择性培养或鉴别性培养,通常采用的方法是:

(1)控制培养基的成分。

(2)控制培养条件。

(3)加入抑制因子。

(三) 厌氧培养

尽管目前用于生产的生产菌种,大都为好氧菌,但仍有不少极具应用价值的微生物属于严格的厌氧菌,如生产益生素的双歧杆菌、发酵丁酸和丁醇的丁酸梭菌。此外,某些微生物尽管属于兼性厌氧菌,但在生产某些特定代谢物时,也需要进行厌氧培养,如酵母菌发酵生产乙醇。

因此,掌握厌氧培养的基本方法,也是必要的。

不过,与好氧培养相比较,厌氧培养是非常困难的,毕竟空气是无处不在的,空气中的氧气也是无处不在的,由于一些厌氧菌的特殊性,对氧气极其敏感,几乎"遇氧即死"。所以,在进行厌氧培养的时候,必须保证在每个环节都没有氧气的存在。

为了维持厌氧环境,主要有以下三种基本原理:

(1)对氧气进行"消耗",如利用焦性没食子酸与 KOH 溶液、碱性邻苯三酚、黄磷、金属铬和稀硫酸等试剂进行化学除氧,或在培养基中加入还原剂(如 0.1% 的巯基乙酸钠盐、0.01% 的硫化钠和维生素 C 等)等。

(2)对氧气进行"驱逐",如利用氮气、二氧化碳、氢气、氩气等气体将空气中氧气排出,或通过煮沸将培养基中的溶解氧排出等。

(3)对氧气进行"隔绝",如采取密闭式的发酵罐或种子罐,全封闭的器皿、仪器或设备,或加入矿物油密封等。

四、显微观察

由于许多微生物太小,用肉眼观察不到它们的任何特征,所以,必须借助显微镜对其放大进行观察。此外,还需要为微生物进行染色,因为微生物本身是没有颜色的,为了区分微生物与背景,将其染上颜色,形成鲜明的对比,从而清楚地观察微生物的形态与构造。

（一）常见的显微镜

欲进行显微观察，必借助于显微镜设备（图2-12）。依据成像原理和分辨率的不同，显微镜可分为光学显微镜、扫描电子显微镜和透射电子显微镜三大类。

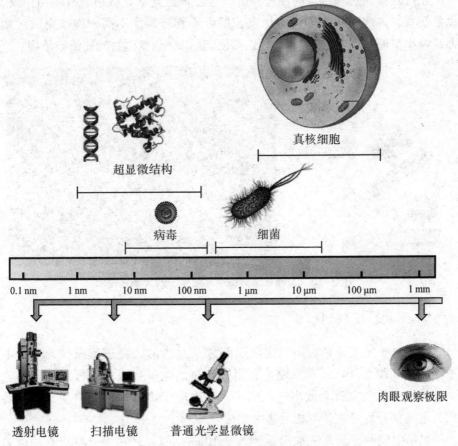

图2-12　显微观察与常用显微镜

在依据观察目的选择好合适的显微镜设备后，便可按照设备的要求进行样品的制备和染色。之后，便可进行实际操作，完成对微生物的观察。

1. 光学显微镜

光学显微镜是利用光学原理，把人眼所不能分辨的微小物体进行放大成像的光学仪器。

在各类光学显微镜中，以普通光学显微镜使用最为频繁（图2-13）。其利用目镜和物镜两组透镜系统来将样品进行放大成像，并还可以进行特殊的油镜操作以提升分辨率。

普通光学显微镜的分辨率一般在0.18～2.31μm，适用于观察绝大多数细菌、放线菌、酵母菌和霉菌等细胞型微生物的细胞形态。借助于染色方法，还可观察到一些特定的细胞构造。尽管普通光学显微镜具有使用简便、设备便宜、占地面积小等诸多优点，但由于其分辨率不高，难以完成对病毒或较小型原核生物的观察，并且，还无法观察到微生物的亚细胞结构。

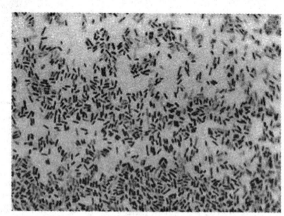

图2-13　普通光学显微镜与油镜下的大肠杆菌

2. 扫描电子显微镜

扫描电子显微镜是利用二次电子信号来对样品表面进行成像的一种电子显微镜（图2-14）。其原理是利用极狭窄的电子束去扫描样品，样品表面被扫描到的地方就会放出二次电子，二次电子再被探测器收集，最终转化为电压信号后可被计算机处理为图像。

扫描电镜的分辨率一般可达到5～10nm，因此，几乎可对所有的微生物进行清楚的观察。然而，扫描电镜仅仅能对样品表面及其结构进行观察，不能观察内部结构，故应用范围受限。

3. 透射电子显微镜

透射电子显微镜是以电子束为"光源"的一种电子显微镜（图2-15）。其与光学显微镜的成像原理基本相同，不同的是它以波长更短的电子束作为"光源"，并用电磁场做透镜。

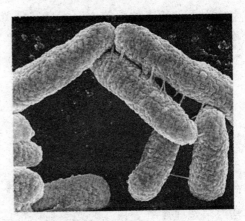

图 2-14　扫描电子显微镜与扫描电镜下的大肠杆菌

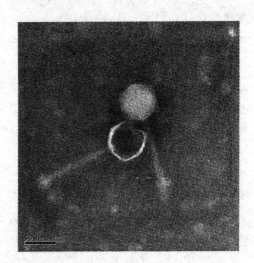

图 2-15　透射电子显微镜与透射电镜下的噬菌体

（二）显微镜观察的一般程序

不同观察目的、不同类型设备，所采取的方法有所不同，但进行显微观察的一般程序都是：适当培养→取样→制样→观察→记录。

一般而言，待观察的微生物如果数量太少或浓度过低，不利于在显微镜视野下寻找到目标物象，尤其是待观察的微生物个体非常微小，并且又采用较高分辨率的显微镜时。例如，在利用透射电镜对噬菌体进行负染法观察时，常要求噬菌体的浓度在 10^{10} PFU/mL 以上。因此，可对待观察的微生物先进行适当的培养，以提高其数量。此外，若是对芽孢或孢子等细胞构造进行观察，还需进行专门的培养。

不同的显微镜设备，对样品的处理和制备方法有所不同。

1. 光学显微镜

若采用光学显微镜进行观察，既可直接进行活体观察，亦可染色后再进行观察。

活体观察主要用于研究微生物的运动能力、摄食特性以及生长过程中的形态变化，如细胞分裂、芽孢萌发等动态过程。其可采用压滴法、悬滴法或菌丝埋片法等在普通光学显微镜的明视野、暗视野下，或在相差显微镜下对微生物活体直接进行观察。

染色观察则是通过一定的染色方法，对微生物染色后再进行观察。细菌的常用染色法有：简单染色法、革兰氏染色法、抗酸性染色法、芽孢染色法、吉姆萨染色法、荚膜染色法、活菌美兰染色法等；真菌的常见染色法有：吕氏亚甲染色法、乳酸酚棉兰染色法、六胺银染色法和银氨液浸染染色法等。微生物经过染色后能明显提升光学显微镜下的观察效果，但大多数染色液都具有细胞毒性，故染色后一般无法观察微生物的生命活动。

2. 扫描电子显微镜

若采用扫描电镜进行观察，则必须对微生物样本进行固定、脱水和干燥，并使其表面能够导电。

可采用戊二醛、四氧化锇等对样品进行固定，并采用乙醇、丙酮等对样品进行脱水。

在干燥时，可采用自然干燥、真空干燥、冷冻干燥或临界点干燥等方法对微生物进行处理，但需注意因干燥过程而造成的样品形态变形。其中，临界点干燥法效果最好，同时能很好地保持样品的形态。

在完成干燥处理后，还需要对样品表面喷镀金属导电层，以使微生物表面具有导电性，从而能够在被电子束扫描后发出二次电子以进行成像。之后，便可正式进行观察。

3. 透射电子显微镜

若采用透射电镜进行观察，同样必须对样品进行固定和干燥。但待观察的微生物不同，可选用的制片方法不同。

一般对病毒、离体细胞器以及蛋白质、核酸等生物大分子进行观察，可采用简便易行的负染法。其是利用电子密度高、本身不显色、与样品不反应的物质（如磷钨酸或醋酸铀等）对样品进行染色，随后将染色好的样品滴加至有支持膜的载网上，自然干燥后便可装入电镜内进行观察。

但对于除病毒外的其他绝大多数微生物而言，必须制成 100 nm 以下的超薄切片，才可用于观察。超薄切片制作的过程一般为：取样→固定→脱水→浸透与包埋→切片→捞片→染色。

第三章　工业微生物资源的开发与利用

工业是衡量一个地区现代化发展水平的重要指标,在国民经济中具有不可替代的重要地位。尤其是从20世纪50年代起,石油工业的迅速发展极大地推动了化学工业的飞速发展,化学工业也正式步入以石油和天然气为主要原料的石油化工时代,并开启了新的辉煌,极大地推动了生产力的发展,满足了人们对高品质生活的需求。如今,微生物已被大量应用于工业生产,许多原来必须依靠化工合成才能生产出的产品,现在大都可以利用微生物进行发酵生产。而随着基因工程技术的应用,微生物还可生产许多外源基因产物,这再次提升了微生物的应用价值。通过大力研究和开发微生物资源,并将其应用于生产,不仅能满足人类对高品质生活必需品的追求,更能使人类走向一条节能、环保、资源可回收利用的工业化发展新道路。

第一节　工业微生物资源与发酵生产

工业微生物资源泛指可用于工业化生产的微生物资源。而要有效利用微生物资源进行工业化生产,就必须要利用发酵工程学的原理和技术,进行现代化的发酵生产。发酵生产是利用微生物群体的生长代谢来批量加工或制造产品的过程。现代发酵生产,具有能耗低、反应条件温和、原料来源广泛、易于调控、产量大、周期短、无污染等诸多优势;并且其产品种类非常丰富,如有机酸、醇类、氨基酸、维生素、抗生素、酶制剂、活性菌体、基因工程产品等,还可被用于农业、食品、轻工、医药、冶金、环保和高技术研究等领域。因此,利用工业微生物资源进行发酵生产,具有巨大的应用潜力和广阔的发展空间。

一、发酵生产中的基本概念

(一) 发酵与发酵工程

发酵在微生物生理学中,是指底物脱氢后将脱下的氢直接交给内源性中间代谢物的一种生物氧化类型。而广义的发酵，则是泛指利用微生物的生命活动或其酶的催化反应，进行产品生产或执行某项任务的过程。

发酵工程，是指利用生物细胞的特定性状，通过现代工程技术手段，在反应器中生产各种特定的有用物质，或者把生物细胞直接用于工业化生产的一种工程技术系统。其内容包括菌种的选育、最佳发酵条件的选定和控制、生化反应器的设计和发酵产品的分离和精制等。

在理解上，发酵、发酵生产和发酵工程的关系应当是：发酵泛指利用微生物进行一切生产，而发酵生产则是利用发酵工程的原理和技术进行规模化的发酵。

（二）　自然发酵和纯培养发酵

自然发酵，或称混合发酵、混菌发酵、天然发酵，其是通过自然接种的方式，利用发酵原料中的本底微生物、土著微生物或其他自然来源的微生物进行发酵的方法。

纯培养发酵，或称纯种发酵，其是通过人工接种的方式，利用已知菌种的纯培养物进行发酵的方法。

在历史的长河中，人类很早便利用微生物进行发酵——自然发酵。大约9000年前，人类已开始利用谷物进行"酿酒"。直至后来我国许多的传统工艺，如生产酱油、醋、腐乳、泡菜等的工艺，都是自然发酵的典范。然而，在发酵过程中所用到的微生物，大部分都是来自原料本身自带的或者是在生产过程中无意识带入的——并非人工接种的。尽管它们种类和数量均未知，但都是利用自然环境变化规律，辅以人工创造适宜的条件而选择性培养出来的微生物菌群。可以说，它们既是未知的，却又是特定的。如在进行泡菜发酵时，人们通过创造厌氧的环境，将植物表面附着的乳酸菌选择性"培养"出来，最终，乳酸菌大量生长，不断产酸，抑制其他微生物而成为优势菌群，同时，泡菜也发酵成熟。然而，在此过程中，人们却只知乳酸菌，而不知是何乳酸菌（乳酸菌是一大类可产乳酸的革兰氏阳性菌，目前至少有18属，200多种）。

而纯培养发酵，则是在西方微生物生理学的高速发展下诞生的重要技术，其发明和应用是发酵工业历史上的一个重要转折点。现代工业发酵大多采用纯培养发酵，其大大缩短了发酵周期，并且产品纯度高、质量稳定。

关于自然发酵和纯培养发酵的比较，见表3-1。在实际生产中，应结合生产目的和生产条件，来对二者进行合理选用。

表 3-1 自然发酵和纯培养发酵的比较

类别	特点	主要优点	主要缺点	主要应用
自然发酵	1. 自然接种 2. 多菌种的发酵体系 3. 菌种种类和数量不确定，但主要类群可确定 4. 一般为常温发酵 5. 不分阶段进行发酵	1. 多菌共生，酶系互补，可提升发酵效果 2. 工艺和设备简单，节能 3. 不易受杂菌污染，即使污染，引起的危害较小 4. 生产成本低	1. 不易进行控制，产品质量不稳定 2. 发酵周期长 3. 副反应多，产品成分复杂 4. 难于规模化和工业化	对风味要求较高的发酵食品（白酒、酱油、醋、腐乳、豆豉、酱料等）的生产
纯培养发酵	1. 人工接种 2. 一般为单一菌种的发酵体系，但也可多菌发酵 3. 菌种种类和数量均能被确定 4. 严格控制发酵条件 5. 分阶段进行发酵	1. 易于进行控制，产品质量稳定 2. 副反应少，产物单一且纯度好 3. 发酵周期短 4. 易于规模化和工业化	1. 对设备和技术要求 2. 工艺复杂 3. 受杂菌污染后，引起的危害大 4. 菌种长期使用易衰退	对纯度要求高的产品（酶制剂、抗生素、氨基酸、乙醇、柠檬酸、益生素等）的生产

（三）固态发酵与液态发酵

固态发酵，或称固相发酵、固体发酵，其是将菌种直接置于固体原料上，或将菌种与固体原料一同置于固体支持物（载体）上进行发酵的方法。一般包括浅层发酵、转桶发酵、厚层通气发酵等。

液态发酵，或称液相发酵、液体发酵、深层发酵，其是将菌种置于发酵罐或液体介质中进行发酵的方法。

固态发酵是一种传统的发酵方法，其主要应用于发酵食品的生产，特别是白酒酿造。而液态发酵，特别是液态深层通气发酵，则是现代发酵工业中进行大规模生产的主要发酵方法。

关于固态发酵和液态发酵的比较，见表 3-2。同样，在实际生产中，应结合生产目的和生产条件，来对二者进行合理选用。

表 3-2　固态发酵和液态发酵的比较

类别	特点	主要优点	主要缺点	主要应用
固态发酵	1. 在固体介质中进行发酵 2. 不需严格无菌 3. 适合开展自然发酵	1. 不依赖设备，设备简单，技术门槛低 2. 能耗低，生产成本低 3. 后期处理较方便 4. 可产生特殊形态的产物（如孢子或子实体等）	1. 不易进行控制 2. 发酵周期长 3. 原料利用率低 4. 不易开展下游工程 5. 难于规模化和工业化	发酵食品（白酒、酱油、醋、腐乳、豆豉、酱料等）、发酵饲料（青贮饲料、发酵豆粕等）、真菌杀虫剂、红曲等的生产
液态发酵	1. 在液体介质中进行发酵 2. 严格无菌 3. 适合开展纯培养发酵	1. 易于进行控制 2. 发酵周期短 3. 原料来源广泛，原料利用率高 4. 易于开展下游工程 5. 易于规模化和工业化	1. 较依赖于设备，工艺复杂，技术门槛高 2. 能耗相对较高 3. 不能培养孢子或子实体	绝大多数微生物产品

（四）分批发酵、连续发酵与补料分批发酵

连续发酵，或称连续培养，其是指在一个半开放的发酵体系内，以一定的流速不断向发酵罐内添加新鲜培养基，同时以相同的流速排出发酵液，从而使发酵罐内的液量维持恒定的一种发酵方法。其又可分为单罐连续发酵和多罐串联连续发酵等。

补料分批发酵，或称半连续发酵、补料分批培养，其是指在分批发酵过程中，以某种方式、某一时刻向发酵体系中补加一定量的培养基，但并不同时向外放出发酵液，只有在特定的时刻才放出的一种发酵方法。

分批发酵是目前较常采用的一种传统发酵方法；而连续发酵则是一种比较新的技术，多用于菌体细胞的发酵；补料分批发酵则是上述二者的结合。关于三者之间的比较，见表 3-3。

表3-3　分批发酵、连续发酵和补料分批发酵之间的比较

类别	特点	主要优点	主要缺点	主要应用
分批发酵	1. 一次性投入物料，中途不再补料 2. 一次性收获发酵液 3. 发酵体系中的微生物将经历生长曲线上的所有时期	1. 工艺和设备简单，技术门槛低 2. 不易受杂菌或噬菌体污染 3. 对培养基的利用程度较高 4. 不易导致菌种退化 5. 发酵液中产物浓度高，易于开展分离	1. 人力、物力、能源消耗较大 2. 生产效率低 3. 生产周期长	一般的发酵皆适用，多用于厌氧发酵
连续发酵	1. 连续补充物料 2. 连续补料的同时收获发酵液 3. 发酵体系中的微生物一般长时间处于指数期或稳定期	1. 可以提高设备的利用率和单位时间产量 2. 便于自动控制 3. 可较好地保障菌种的旺盛生长和代谢	1. 较依赖于设备，工艺复杂，技术门槛高 2. 对培养基的利用程度较低 3. 易发生污染 4. 易发生菌种退化	多用于菌体生产
补料分批发酵	1. 中途适当补料 2. 补料后不同时，但于特定时刻收获发酵液 3. 发酵体系中的微生物一般可较长时间处于指数期或稳定期	兼具上述二者的部分优点	兼具上述二者的部分缺点	各类发酵皆适用，应用范围广

除上述外，发酵的方法还有好氧发酵与厌氧发酵，人工控制发酵与自动控制发酵，搅拌发酵与静置发酵等。

二、发酵生产的一般过程

现代发酵生产，主要是采用纯培养发酵和液态发酵，其过程主要包括菌种活化、种子扩大培养、发酵控制和产物分离等（图3-1）。

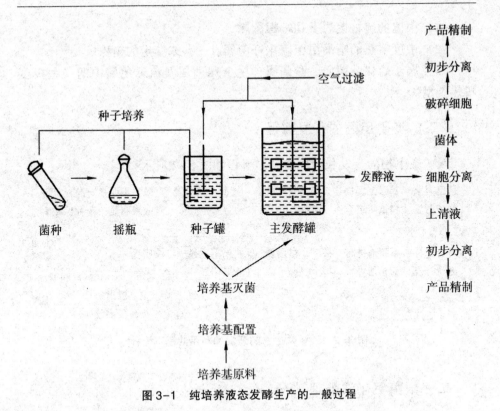

图 3-1 纯培养液态发酵生产的一般过程

第二节 微生物湿法冶金技术开发及应用

自 1958 年美国用细菌法浸出铜和 1996 年加拿大用细菌浸出铀的研究和工业应用成功之后，有 20 多个国家的学者开展了微生物在矿冶工业中应用的研究。目前，该领域的研究仍十分活跃，有的技术已用于生产，有的正由试验室向工业应用过渡，虽然还有大量技术处于试验室阶段，但发展前景非常好。

一、与微生物冶金有关菌类的开发

（一）与微生物冶金有关的菌类

菌种的存在是对其进行开发和利用的前提条件。在微生物湿法冶金过程中主要有以下几种微生物类群参与：

（1）中温的硫杆菌属及钩端螺菌属。

（2）中度嗜热的嗜高温菌硫化杆菌属及一些未鉴定的菌株。

（3）属于硫化叶菌属、酸菌属、生金球菌属及琉球菌属中的一些极度嗜热类型。

（二）浸矿用菌的开发途径

浸矿微生物的开发和利用的基本流程如图3-2所示：

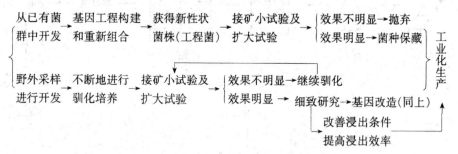

图3-2　浸矿微生物的开发和利用的基本流程

二、细菌氧化法处理矿石

并不是所有的矿石都适合用细菌法进行处理，所以，我们需要了解什么样性质的矿石适用于微生物湿法冶金，可以更好地发挥细菌的作用。

矿物的微生物预处理过程如图3-3所示。

细菌的矿石氧化过程可分为三步，分别是金属释放、初级矿物氧化、次级矿物浸出，详述如下：

（1）金属的释放。在这个过程中，各种包裹元素金及银颗粒的矿物质被氧化和溶解，从而将目的金属暴露出来。

（2）初级矿物氧化。在这个过程中，硫化型矿物被细菌氧化而溶解出来（或转变为不溶于水的硫酸盐类物质）。由于 Fe^{3+} 及硫酸的参与能够提高细菌的氧化反应速率，所以 Fe^{3+} 在整个过程中并不起到纯化学反应堆作用。最近有人发现，在厌氧条件下，氧化亚铁硫杆菌能够利用 Fe^{3+} 来氧化硫以获取能量，推测在菌体催化难浸矿物的氧化过程中，Fe^{3+} 也有类似的重要作用。另外，尽管没有必要向细菌氧化反应器中添加 Fe^{3+}，但已有观察表明：铁及砷的溶解率大致与 Fe^{3+} 的初始量（在这里为 15.5g/L 或 275mmol/L）呈正比例关系。不过高浓度的 Fe^{3+} 却对细菌氧化有抑制作用。

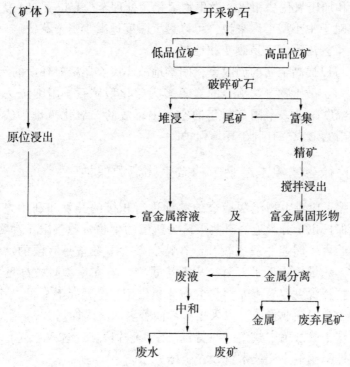

图 3-3　目的矿物的微生物处理过程

（3）次级矿物的溶解。次级矿物指的是那些含有目的金属，但由于它们并不具有二价铁或还原态硫（通常它们是一些碳酸盐矿或氧化矿）而不能参与初级氧化的矿物。但在初级氧化过程中生成的三价铁及硫酸可以将它们溶解，其中还可能发生将矿石中的金属元素氧化成更高价态的情况。

三、未来展望

（一）微生物湿法冶金的价值

细菌在一般人眼里往往只会留下负面印象，可是一旦细菌利用生物科技开发成功后，不但极具市场潜力，而且还有益于人类社会。

微生物湿法冶金其实就是微生物生物地球化学循环反应的高效重演。如今，随着高品位矿石的逐年减少，利用微生物冶金技术，特别是基因工程介入该领域以来，对矿石进行开发的商业价值也逐年提高。

另外，微生物冶金除具有上述商业价值以外，社会价值也不容忽视。

与焙烧法和加压氧化法相比，微生物氧化预处理至少有以下四个优点：

（1）对于中小型工厂来说，可以最大限度地减少资金花费。

（2）工艺流程更容易改变和控制。

（3）可以提高金属的回收率，间接地减小废弃尾液对环境的污染。

（4）由于微生物湿法冶金的对象多为硫化型矿石，用细菌法来处理它们可以大幅度减少一个国家每年向空气中排放的二氧化硫量，从而就能有效控制酸雨的形成，有利于环境保护。

（二）微生物湿法冶金中的微生物资源保护

我们除了应对生物湿法冶金的菌种进行积极的开发和利用之外，对它们的资源保护也十分紧迫。有些人认为所谓的生物资源仅限于动物和植物，因为它们的再生周期一般比较长，在特定条件下数量是有限的；但对于微生物而言，数量何止千千万万，故不予重视。但在生物科技高度发展的今天，微生物资源更容易流失，几个菌体单细胞，甚至是其中的几个 DNA 片段就具备极高的商业价值。以采集种源而著名的美国加州 Diversa 公司为例，它们只是从土壤细菌中找到一些特殊的 DNA 片段，经过改造后，由其开发出来的特殊酶制剂生产技术就领先全球。

总之，与其他微生物领域一样，微生物湿法冶金工作也应考虑到菌种的菌株及其 DNA 的保护。在今天，有关微生物湿法冶金菌种的相关技术，正是由于存在上述这些原因，已经越来越难于了解。某段基因的全序列分析及菌体改造等一些工作往往都是申请专利或作为机密而保留。

有人曾形容，20 世纪末上演的基因、种源争夺战就像是 19 世纪的淘金热、20 世纪的钻油热，其必定会改变强国与弱国的分野。因此，我们必须从土壤里去寻找未来的财富。

第三节　微生物采油技术开发与利用

微生物采油技术是微生物学、油藏地质学、石油开采工艺学、油田化学等学科相互渗透而发展起来的一门综合技术。其核心是微生物技术。因为该技术的关键是筛选、利用高效而优良的微生物菌种，通过微生物的生命活动尤其是代谢产物，作用于原油，改变原油的物化性质，从而提高原油采收率。

一、油藏与石油开采

(一) 石油与贮油岩层

石油常存在于地下的地质沉积岩层中，是一种复杂的烃类混合物。这些烃类可能以气态、液态，甚至以沥青质固态存在。气态烃常伴随液态烃存在，气态烃一般是从甲烷到丁烷小分子饱和烃混合物。液态烃俗称原油，它含有上千种化合物，主要包括直链或支链的石蜡族烃、饱和环烷族烃、直链或支链双键烯烃、不饱和芳香族烃、不饱和多芳核芳香烃、多核-链配合结构的沥青质等，原油就是如上多类烃的混合物。不同的油藏所含各类烃在数量和分布方面均有很大变化。各类烃不同含量常改变其物化性质，如石蜡族烃含量高，其原油凝固点也高，甚至呈现固态。如胶质、沥青质含量高，其原油黏度也高。原油中的烃类化合物常和其他元素或金属化合，故原油中常含有硫、氮、氧、钒、镍等化合物。

碳酸盐贮油岩石源于化学沉淀，或沉淀后发生生物浓缩。这些沉淀虽然十分巨大，但经常含碎屑矿物杂质。碳酸盐贮油岩石的孔隙度变化极大，因为有些孔隙是由沉积岩溶解形成的，构造运动会形成裂缝，裂缝经水渗透进一步扩大，形成溶洞。所以碳酸盐贮油岩石孔隙、溶洞分布更不均匀。

填充原油的地下贮油岩层两个最重要的性质是孔隙度和渗透率。孔隙度是指岩石连通孔隙体积与岩石总体积之比。

含油岩石的第二个重要性质参数是渗透率，它是孔隙介质传递运输流体能力的测量值，常用以下公式表示：

$$K = q_v \mu L / Ap$$

其中：K 表示渗透率，单位为 cm^2；q_v 表示流体体积流量，单位为 mL/s；μ 表示黏度，单位为 $Pa \cdot s$；A 表示流体流动横断面积，单位为 cm^2；p 表示压差，单位为 Pa；L 表示流体流动长度，单位为 cm。

渗透率单位最常用的是达西（D）或毫达西（mD）。

(二) 注水驱油与三次采油

油井钻成后，靠地层压力将原油运移到地面，称为一次采油。随时间推移，地层压力下降，原油不能运移到地面，所以一次采油是较短暂且效益最高的采油方式。

一次采油后，为把大量的原油开采出来，世界各国普遍采用注水采油工艺，即通过注水井高压注水，靠水的流动将油从油井驱动到地面，注水驱油称二次采油。

为了尽可能多地采出一次采油和二次采油后仍滞留在地下的原油，油田开采业又采用多种采油技术，统称为三次采油。目前，世界各国采用的主要三次采油方法是：

（1）蒸汽驱油。应用热蒸汽驱油已是一项成熟的采油技术。其原理是将热蒸汽从地上导入地下贮油岩层，加热而降低油的黏度，提高流动，提高原油采收率。其主要缺点是热量损失大，能量利用率低，成本高。

（2）聚合物驱油。用化学合成的聚合物如聚丙烯酰胺，或用天然聚合物如生物多糖类物质做注水增稠剂，增加注入水黏度，控制水的流动，改善注水对贮油层的波及系数，增大驱油面积，提高原油采收率。

目前，油田采用的注水增稠剂主要是聚丙烯酰胺和生物多糖类物质。使用量最大的是聚丙烯酰胺。它是丙烯酰胺的高分子聚合物，分子质量可高达 $1\times10^7 u$（道尔顿），有显著的增黏效果。其分子式为：

$$\begin{bmatrix} \begin{array}{c} \quad\quad\quad\quad O \\ \quad\quad\quad\quad \| \\ CH_2-CH-C-NH_2 \\ \quad\quad\quad\quad O \\ \quad\quad\quad\quad \| \\ CH_2-CH-C-NH_2 \end{array} \end{bmatrix}_n$$

油田广泛使用的另一类增稠剂是生物多糖类物质，又称生物聚合物。使用较早的是海藻酸、田菁胶、皂荚胶、瓜豆胶、槐豆胶等。海藻酸是从海藻中提取的多糖物质，是甘露糖醛酸和古洛糖醛酸的聚合物。其他几类多糖则是从不同植物的种子中提取的多糖，它们皆是半乳甘露聚糖。其分子主链是甘露聚糖，侧链是半乳糖。不同来源的种子多糖其甘露糖与半乳糖的分子比不同，故呈现不同的多糖性质。从巨藻褐藻中提取的海藻酸和从瓜尔豆位中提取的瓜豆胶的分子结构如图3-4、图3-5所示。

二、重要的地下微生物采油技术——微生物驱油

微生物驱油是指将筛选的微生物菌种与营养物从注水井高压泵注入贮油层。微生物要在油层内部迁移，生长繁殖，产生多种代谢产物。代谢产物发挥各自的驱油功能，驱替原油从油井采出。微生物驱替原油示意图如图3-6所示。

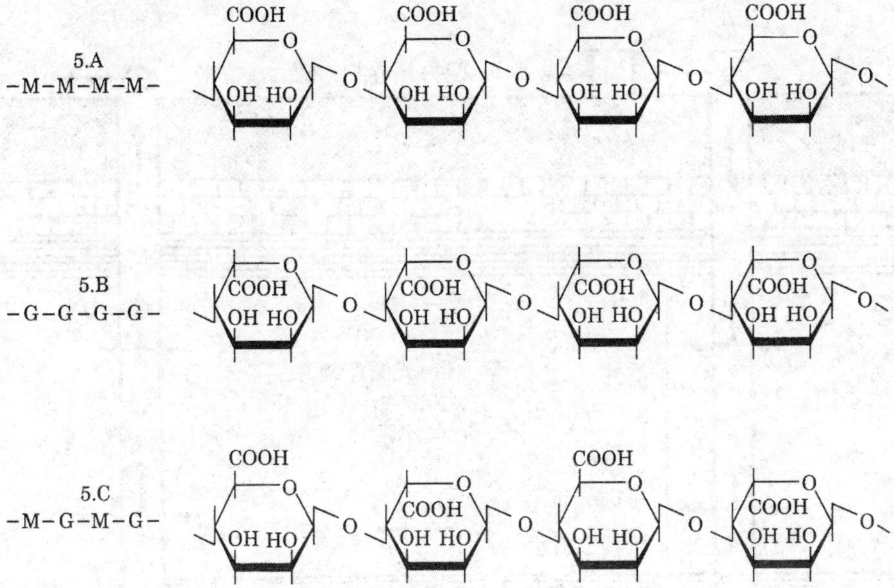

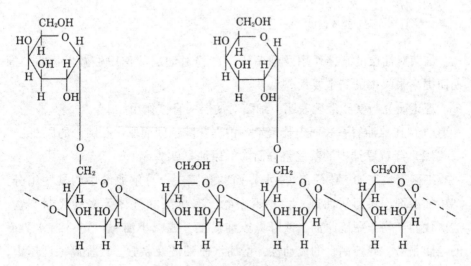

图3-4　海藻酸的分子结构

M—甘露糖醛酸；G—古洛糖醛酸

图3-5　瓜豆胶的分子结构

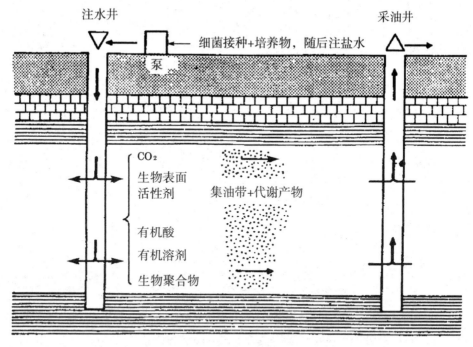

图 3-6　在油层中就地生长的接种细菌的代谢物驱替示意图

(一) 微生物驱替原油的机理

细菌对油层的直接作用及细菌代谢产物对油层的作用是微生物驱替原油而提高采收率的基本要素。

理论研究与实践经验表明，细菌对油层的直接作用如下：

（1）在贮油岩石表面生长繁殖，占据孔隙空间而驱出孔隙中的原油。

（2）降解原油中的某些组分而降低原油黏度。

细菌聚集在油-岩石和油-水界面的孔隙中，分解原油中的某些组分，产生如溶剂、表面活性剂、生物聚合物、有机酸和气体等多种代谢产物。这些代谢产物作用于原油，或降低原油黏度，或减小油-岩石及油-水界面的表面张力，或控制水的流动性，增加水驱油波及系数，或提高地层压力，或清除孔隙喉道的沥青质和结垢堵塞物来增大有效率，综合作用而提高原油采收率。微生物代谢产物驱替原油的机理见表 3-4。

表 3-4　微生物代谢产物对油藏的影响

代谢产物	作用
溶剂	1. 溶解于石油，减小黏度 2. 通过溶解和清除孔隙喉道中的长链烃增大有效率
表面活性剂（乙醇和酮类——典型的两性表活性剂）	1. 减少油-岩石和油-水接触面的表面张力 2. 乳化作用
酸（低分子量的酸，主要是低分子脂肪酸）	1. 通过溶解孔隙喉道中的碳酸盐增大有效渗透率 2. 腐蚀石英与碳酸盐表面增加孔隙度与渗透率 3. 酸与碳酸盐发生化学反应生成二氧化碳，降低石油黏度
气体（CO_2、CH_4、H_2）	1. 恢复油层压力 2. 使石油膨胀 3. 降低黏度，改善流速比 4. 由于碳酸盐被二氧化碳溶解而使渗透率增加
生物量	1. 选择性或非选择性封堵 2. 通过黏附对烃类起乳化作用 3. 改善固体表面，即润湿性 4. 石油的降解作用和变质 5. 降低石油黏度和凝固点 6. 石油脱硫
聚合物	1. 流动度控制 2. 选择性或非选择性封堵，改善波及系数和驱替死油

（二）微生物驱油菌种的筛选

如图 3-7 所示，是筛选 MEOR 所用微生物菌种的一般方法步骤。

具体的筛选步骤分为四步，分别是：

（1）现场取样。从准备用微生物处理的油藏原油中、水中分离菌种。从哪一个油藏分离的微生物再用于哪一个油藏。

（2）厌氧富集。从现场采集的油、水样品装入加压厌氧的菌管中或试验装置、富集装置中，进行样品富集厌氧培养。

（3）微生物筛选。将厌氧的富集培养物置于将进行微生物处理的油藏条件（如温度、压力、矿化度）下，通过产生多种代谢产物，对目的油进行油的分散试验和降黏试验。从中筛选适于油藏条件的微生物菌种。

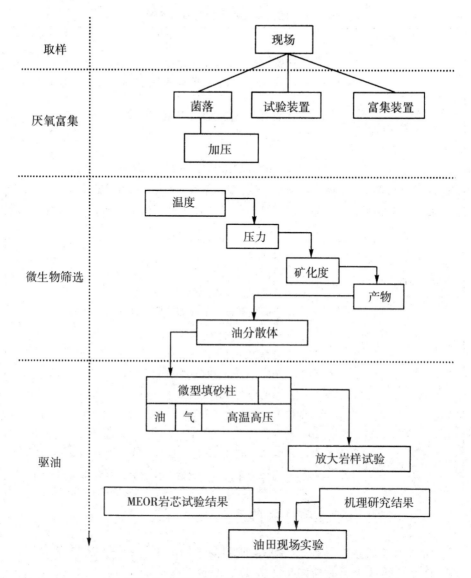

图 3-7　用于 MEOR 的微生物的筛选步骤

（4）驱油模拟实验。用微型填砂柱做岩芯模型，饱和原油或气态烃，模拟油藏高温、高压、高矿化度条件，用筛选的微生物菌种作室内驱油实验。在微型岩芯模拟实验基础上，进一步做放大岩芯模拟实验，根据驱油效果确定微生物菌种。

（三）地下微生物驱油的现场施工过程

如图 3-8 所示，是罗马尼亚微生物驱油现场施工过程。

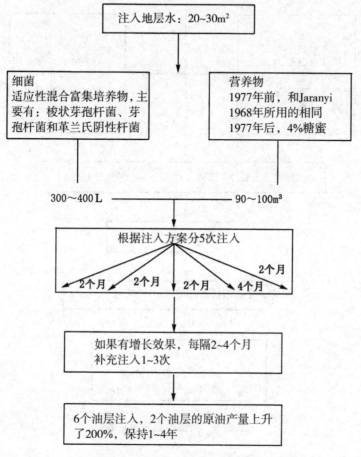

图 3-8　罗马尼亚微生物驱采法

如图 3-9 所示，是美国微生物驱油现场施工过程。

从图 3-8 看到，罗马尼亚微生物驱油现场施工，其结果是在 6 个油层中有 2 个油层的原油产量上升了 200%，且持续增产 1 ～ 4 年。从图 3-9 看到，美国微生物驱油现场施工 10 个月后，原油产量增加 13%，水与油的比降低 30%。

大港油田选用国产采油微生物产品在港西四区进行历时 30 天的微生物驱油先导试验。33 个月后，累积增油 5777t。在港东二区断块进行微生物驱油试验。14 个月后，累积增产原油 3485t。取得显著的增油效果。

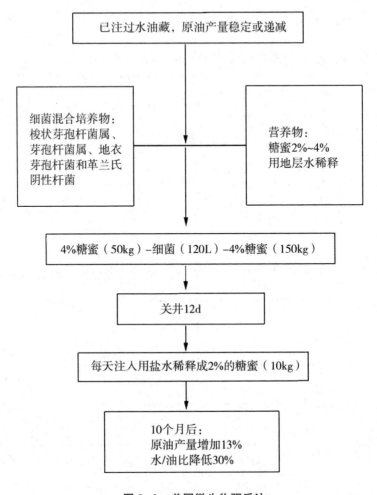

图 3-9　美国微生物驱采油

三、黄原胶在采油工业中的广泛应用

(一) 黄原胶在三次采油中的应用

聚合物作为增稠剂可改变水的流动性，改变油与水运动性比值。运动性与运动性比值变化对贮存物质置换效应的影响可用 Hele-shaw 模型表示（图 3-10）。

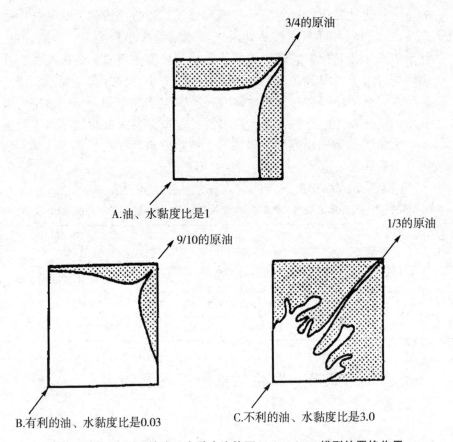

图 3-10　在不同的油、水黏度比值下 Hele-shaw 模型的置换作用

　　该模型由两块方形玻璃板相对组成，边缘用薄垫片封闭。玻璃间充满原油，以左下角注水，右上角流出油，分别表示注水井和采油井。置换液体的流动性和被置换的液体的流动性随其液体黏度的变化而变化。从 Hele-shaw 模型看到，当注入水和原油的黏度比值为 1 时，采油率为 3/4；当原油和水的黏度比值为 0.03 时，采油率为 9/10；当原油和注水的黏度比值为 3.0 时，采油率为 1/3。

　　以上的实验结果表明，在置换作用中尽可能维持有利的黏度比值是非常重要的。在注入水中加入黄原胶可提高原油采收率。

（二）黄原胶在油田钻井泥浆中的应用

　　为降低钻头和地下岩石的摩擦，提高油田钻井速度，油田钻井需性能优良的各种类型的钻井泥浆，钻井泥浆由多种物质配制而成。在钻井过程中，为清洗钻头处堆集的岩屑并将其返回地面，以减小摩擦，从钻杆中央孔道高压注入的钻井泥浆在钻头处需以高速从钻头小孔喷射，清洗井壁，并从环形空间从井底携岩屑返回地面。泥浆主要要求有良好的触变性，在钻头旋转剪切力下，泥浆黏度变低，利于从钻头小孔向外高速喷射，清洗井壁岩屑。泥浆从环形空间返回地面时，要求泥浆黏度回升，增强携岩屑能力。海上钻井或高盐岩层钻井，泥浆需抗盐以保持其高黏度，由于黄原胶具备泥浆材料所需的增黏性、触变性、抗盐、耐温（80℃）等性能，所以成为新型钻井泥浆材料，被誉为四代新型泥浆。

国产黄原胶和聚丙烯酰胺（PAM）泥浆性能比较见表3-5。

表3-5 国产黄原胶（Xc131）和聚丙烯酰胺（PAM）泥浆性能对比

使用浓度/%	0.3		0.4	0.2	0.4
比较内容与情况	毒性	抗盐能力	抗盐能力	剪切稀释指数（Im）	悬浮加重最高相对密度
Xc131	无毒	抗饱和盐水	50000mg/L	697	1.836
PAM	单体有毒	2000mg/L	200mg/L	154	1.248

第四节　微生物能源开发及利用

一、微生物能源

（一）微生物产沼气

微生物将有机物转化成主要成分为 CH_4 和 CO_2 的混合气体，称之为沼气。沼气的研究和利用国外已有几百年的历史，国内则是20世纪初期开始的。目前，有30多个国家致力于发展此微生物能源，尤其是德国，近年来政府通过建沼气发酵池、立法鼓励沼电上网、沼气并入燃气管网等有效的激励措施，使微生物产沼气得到了快速发展。仅大、中型的农场沼气工程就有1000多个，产沼气发酵罐一般在 $300 \sim 500$ m³，普遍采用沼气发电、余热升温、中温发酵、免储气柜、自动控制、加氧脱硫及沼液施肥的先进模式，具有产气快、产量大、操作自动化、物尽其用及投资成本低等优势。我国微生物产沼气事业的发展历经几起几落，但整体水平、技术和应用方面都达到了国际先进水平。例如，户用沼气池已有数百万个；大、中型沼气工程近 1000 个；"沼气生态园"是具我国特色的创建，值得大力推广。

微生物产沼气的原理及其发酵工艺，虽然已大致清楚和定型，但仍有许多问题亟待解决，主要是发酵沼气产率低、所产能源成本高、沼气发酵的代谢产物开发利用不够等，因此，除需要政府积极地帮助和扶植外，重点应加强沼气发酵中的微生物学研究。例如，如何增强微生物降解纤维素、半纤维素、木质素等原料的能力，为混合发酵产 CH_4 提供更多的底物；深入研究混合菌种的组成、功能以及如何控制，为提高物质和能量转化效率制定工艺；大力开发利用发酵代谢产物中的生理活性物质，使沼气发酵不仅能提供再生能源，还可以生产出高价值的众多产品。

（二）微生物生产燃料乙醇

不同的微生物发酵途径各不相同，也就是产乙醇的机制是不一样的，例如，酵母菌是利用 EMP 途径分解葡萄糖为丙酮酸，再将丙酮酸还原成为乙醇；而发酵单胞菌则是利用 ED 途径产乙醇。全世界生产的乙醇，约 20% 用于工业溶剂和原料，15% 食用或其他用途，而 65% 作为燃料，称为燃料乙醇。燃料乙醇的生产越来越受重视，很多国家已制定了燃料乙醇政策，促进了此事业的发展。微生物利用各种原料发酵产乙醇的主要过程如图 3-11 所示。

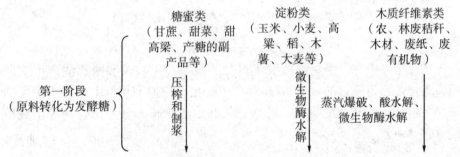

图 3-11　微生物利用各种原料发酵产乙醇的主要过程

目前发酵生产乙醇，几乎都是用酵母发酵进行，其主要原因是有以下几点：

（1）酵母能产生高浓度乙醇和少量副产品。

（2）酵母具有适当的凝聚和沉淀特性，有利于细胞再循环。

（3）能耐受较高浓度的盐溶液。

（4）酵母生产乙醇已有百余年历史，其理论基础深厚，技术成熟，高度工业化、自动化，不容易改变其菌种和工艺。

二、能源性微生物产生能源的机理

（一）甲烷产生菌的作用机理

甲烷产生菌的作用机理是沼气发酵。在沼气发酵过程中，由发酵性细菌、产氢产乙酸菌、好氧产乙酸菌、嗜氢产甲烷菌、嗜乙酸产甲烷菌等五大类微生物参加沼气发酵。

主要过程分为三个阶段，分别是：

（1）复杂有机物如纤维素、蛋白质、脂肪等在由发酵性细菌群所分泌的胞外酶，如纤维素酶、淀粉酶、蛋白酶和脂肪酶等作用下，降解至其基本结构单位物质（如单糖、氨基酸、甘油和脂肪等小分子化合物）的液化阶段。

（2）将第一阶段中产生的简单有机物经微生物作用转化生成乙酸的产酸阶段。这个阶段是三种细菌群体的联合作用，先由发酵性细菌将液化阶段产生的小分子化合物吸收进细胞内，并将其分解为乙酸、丁酸、氢和二氧化碳等，再由产氢乙酸菌把发酵性细菌产生的丙酸、丁酸转化为甲烷菌可利用的乙酸、氢和二氧化碳。

（3）在甲烷生产菌的作用下将乙酸转化为甲烷的阶段：

$$CH_3COOH \xrightarrow{\text{甲烷细菌}} CH_4 + CO_2$$

在此阶段中，产甲烷细菌群可以分为嗜氢产甲烷菌和嗜乙酸产甲烷菌两大类群。已研究过的就有70多种产甲烷菌，它们利用以上不产生甲烷的三种菌群所分解转化的甲酸、乙酸、氢和二氧化碳小分子化合物等生成甲烷（图3-12）。

（二）乙醇产生菌的作用机理

乙醇产生菌的作用机理是酒精发酵作用，即把葡萄糖酵解生成乙醇。微生物酵解葡萄糖的途径是EMP、HMP和ED途径。

EMP途径是：

$$C_6H_{12}O_6 \xrightarrow{\text{酵解}} 2CH_3COCOOH + 2NADH_2 + 4ATP \xrightarrow{\text{脱氢酶}}$$

$$CH_3CHOHCOOH + NAD \xrightarrow{\text{酵解}} CH_3CHO + NADH_2 \xrightarrow{\text{还原酶}} CH_3CH_2OH$$

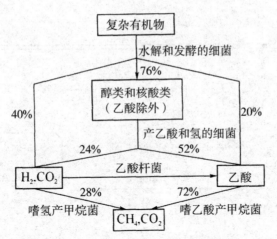

图 3-12 沼气发酵中食物链和能量分配图（数值表示该反应的能量分配百分数）

HMP 途径是：

$$C_6H_{12}O_6 \xrightarrow{\text{酵解}} CH_3OCHOHCHOHCHO + 2NADPH_2 \xrightarrow{\text{酵解}}$$

$$CH_3CHOHCOOH + NAD \longrightarrow CH_3CHO \xrightarrow{\text{还原酶}} CH_3CH_2OH$$

ED 途径是：

$$C_6H_{12}O_6 \xrightarrow[\quad]{NADP \quad NADPH_2}$$

$$CH_3OCHOHCHOHCHOHCHOHCOOH \xrightarrow{H_2O} CH_3COCOOH \xrightarrow{\text{酵解}} \text{脱氢}$$

$$CH_3CHOHCOOH \xrightarrow{\text{酵解}} CH_3CHO \xrightarrow{\text{还原酶}} CH_3CH_2OH$$

（三）微生物产氢机理

微生物产氢机理主要有两种，详述如下：

（1）固氮微生物和光合微生物的产氢。在具有固氮作用的微生物中，在有 N_2 等底物存在时，固氮酶进行 N_2 的还原反应（图 3-13）：

$$N_2 + 12ATP + 8e^- + 8H^+ \rightarrow 2NH_3 + 12（ADP+Pi）+ H_2$$

具有固氮作用的光合微生物的产氢实际上是光合微生物将光合作用过程中获得的光能转换为 ATP 后，ATP 支持固氮酶的放氢，由 ATP 将光合作用与固氮酶的放氢两个过程连接起来。

（2）发酵性细菌的产氢。发酵法生物制氢技术是利用发酵性产氢细菌在发酵过程中，通过自身一系列生理生化作用以及与有机环境之间的物质

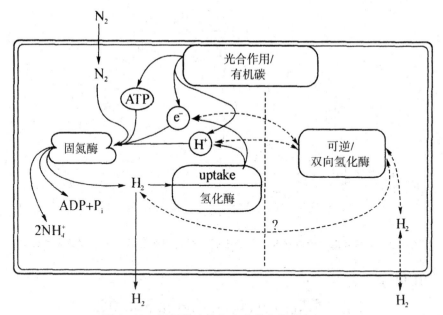

图 3-13 固氮微生物和光合微生物制氢机理

与能量的转化，使部分转化过程中的 H^+ 接受电子而转化为 H_2 释放。厌氧环境条件下，在厌氧细菌体内，底物脱氢后产生的还原［H］未经呼吸链传递而直接交给中间代谢产物接受，在此过程中产生的 NADH 或 NADPH，通过厌氧脱氢酶脱去氢，氧化成 NAD^+ 或 $NADP^+$，并产生氢气（图 3-14）。

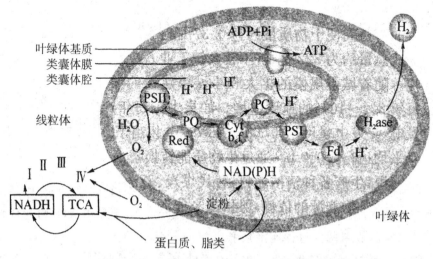

图 3-14 发酵性细菌的产氢机理

三、能源微生物的研究及应用

（一）产甲烷微生物

近 40 年来，我国科研工作者对产甲烷菌进行了非常深入的研究。钱泽澍、赵一章、张辉、东秀珠等人已经先后分离纯化了几十株产甲烷菌株和一些非产甲烷细菌，并在有关沼气发酵过程中微生物生理类群演变、各类微生物生态分布与消长规律等方面开展了许多研究工作。1980 年周孟津和杨秀山分离出巴氏八叠球菌。1983 年钱泽澍分离出嗜树木甲烷短杆菌和甲酸甲烷杆菌；1984 年赵一章等分离出马氏甲烷短杆菌菌株 C-44 和菌株 HX；1985 年，张辉等分离出嗜热甲酸甲烷杆菌；1987 年刘光烨等在酒窖窖泥中分离到布氏甲烷杆菌 CS，钱泽澍等分离出亨氏甲烷螺菌，1988 年陈美慈等分离出嗜热甲烷杆菌 TH-6。

最近十几年来，又陆续发现一些新的产甲烷菌种，2000 年孙征发现的弯曲甲烷杆菌 Px1。2007 年承磊分离到一株嗜热甲基营养型甲烷菌 *Methermicoccus* shengliensis gen. nov. , sp. nov，是目前发现的最适温度最高的甲基营养型产甲烷菌。承磊于 2008 年同样从胜利油田分离得到一株甲烷袋状菌 *Methanoculleus* receptaculi sp. nov。东秀珠等从一个 UASB 颗粒污泥中分离到一株甲烷鬃毛菌 *Methanosaeta* 新种，在低浓度（<100 mmol）乙酸中生长时为短杆状，而在高浓度（>150 mmol）乙酸中生长时为长丝状（>100μm）。东秀珠实验室于 2010 年还发现了一个产甲烷菌新属，与丁酸降解具有互营功能。日本科学家 Sanae Sakai 等人分离到一株产甲烷新属 *Methanocella* paludicola gen. nov. , sp. nov。

在分子生物学研究方面，在美国能源部（DOE）的资助下，1994 年至 1997 年，以 Ohio 州立大学为主的一批科研单位及生物公司集中研究了产甲烷菌的微生物学、生物化学和分子生物学，重点完成了嗜热甲烷杆菌 *Methanobacterium thermoautotrophicum* 和詹氏甲烷球菌 *Methanococcus jannaschii* 的全基因组测序。截至 2010 年 9 月，已完成了 36 株产甲烷菌全基因组序列的测定，为开展产甲烷菌代谢调控机制的研究奠定了良好的基础。

（二）产乙醇微生物

生物乙醇的工艺一般是"两步转化法"。首先，生物质经酶法或酸法降解成葡萄糖、木糖等发酵性糖；然后，利用微生物（如酵母菌）发酵单糖生成乙醇。主要是利用淀粉、戊糖及纤维素的工程酵母构建，运动发酵单胞菌利用戊糖工程菌的构建，引入外源乙醇合成途径的大肠埃希氏菌和产酸克雷伯氏菌等。1993年，Ho等人将木糖还原酶、木糖醇脱氢酶和木酮糖激酶的基因转入酿酒酵母，首次成功构建出利用葡萄糖和木糖生产乙醇的工程酵母。Sonderegger等将多个异源基因导入代谢木糖的酵母工程菌，重组酵母不仅降低副产物木糖醇的量，而且所得乙醇产量比亲株提高25%。Mogagheghi等将葡萄糖、木糖和阿拉伯糖代谢所需的7个酶基因整合到运动发酵单胞菌的染色体上，产生的工程菌可发酵每升40 g葡萄糖，40 g木糖和20 g阿拉伯糖的混合发酵液，在50 h内消耗完葡萄糖和木糖以及75%的阿拉伯糖。目前工业上生产乙醇应用的菌株主要是酿酒酵母，这是因为它发酵条件要求粗放，发酵过程pH低，对无菌要求低，以及其较高乙醇产物浓度（实验室可达23%，V/V）。现有乙醇菌种大多耐受力较差、副产物多、对发酵条件要求苛刻，今后研究应致力于筛选优良性状的菌株。利用基因工程手段选育高产纤维素酶、木质素酶菌种以及能克服上述问题的菌种，对其酶学特性、功能基因进行研究，优化发酵条件，辅以工艺措施的改进，提高燃料乙醇生产效率并降低成本。

在利用厌氧微生物产乙醇方面，自然界中的某些厌氧微生物具有直接把生物质转化为乙醇的能力，这就为我们在同一个生物反应器中，利用同一种微生物完成生物质转化为乙醇所需的酶制备、酶水解及多种糖的乙醇发酵等全过程，从而为简化工艺、降低成本提供了可能。在工业生产中，厌氧纤维素降解微生物具有将廉价的生物质直接转化为乙醇、乙酸等经济产品的潜能。因而，有关纤维素的厌氧生物转化的研究具有重要的理论意义。

利用纤维素微生物直接转化法（Direct Microbial Conversion，DMC）生产乙醇具有工艺简单的优点，有可能大幅度降低产酶成本以及纤维素乙醇生产总成本。近20年来，该项技术研究受到了国内外学者的广泛重视，并出现了以高温厌氧细菌 *Clostridium thermocellum* 和 *C. thermosaccharolyticum* 进行纤维素直接发酵生产乙醇的报道。此方法称为微生物直接转化法或一步法 [directmicrobial conversion 或 consolidated bioprocessing（CBP）]，具有良好的发展前景，成为近20年来国际上研究的热点。

Wyman 的试验研究表明，利用 *C. thermocellum* 的 CBP 过程，底物转化率为31%，高于利用 T. reesei 和 S. cerevisiae 的系统。South 等人以 *C. thermocellum* 为水解发酵微生物，在同样条件下，比较 SSF 和 CBP 过程，结果表明 CBP

过程的转化率要高。Lynd 等人对这一方法做了较详细的总结，并对 CBP 过程所用微生物的培养提供了建议。一方面是利用已有的微生物菌群，以真菌为主。利用这类微生物进行 CBP 过程可以减少过程中有机酸、盐等副产物的生成，同时提高微生物的耐乙醇能力。目前研究的微生物主要是 *C. thermocellum*，它可以在乙醇浓度为 60 g/L 以上的环境下生长。另一方面是利用基因重组培养的微生物，通过基因修饰培养的微生物，具有较高的乙醇发酵能力和耐受性，目前的研究工作主要集中在真菌（*E. coli* 和 *Klebsiellaoxytoca* 等）和酵母菌（*S. cerevisiae*）。

(三) 产氢微生物

氢气产生菌方面，应用混合培养物产氢是目前的研究热点，单一纯菌的产气潜力有限，多种菌种的协同作用能提高氢气产量。将丁酸梭菌（*Clostridium butyricum*）、产气肠杆菌（*Enterobacteraerogenes*）和麦芽糖假丝酵母（*Candida maltose*）在 36℃混合发酵 48 h，产氢速率可达 15.42 mL/(h·L)，明显高于单个菌种。混合培养物不仅来源广泛（如各种厌氧污泥、土壤、湖底沉积物及不同来源的堆肥等），而且可以利用餐厨垃圾、固体废弃物、农作物秸秆和各种废水等发酵产氢，产氢率为 1.80 mol/g。随着对微生物产氢机理的认识，保证其在产氢过程中的高效性、稳定性和对不同生态条件的适应性，相信不久的将来微生物制氢将成为世界能源的一个重要支柱。

(四) 产油脂微生物

细菌、酵母、霉菌和藻类均能产生油脂，其中酵母和霉菌被认为是良好的产脂微生物，国内外围绕着如何提高油脂含量，在菌种和发酵工艺方面开展了大量的研究。目前，产脂微生物的研究热点是合成多种高经济价值的、稀有的不饱和脂肪酸。如花生四烯酸、EPA、DHA、X_2亚麻酸等。朱法科等用被孢霉属微生物生产的花生四烯酸研究，施安辉对合成花生四烯酸的产脂酵母也进行了筛选。咸漠以微生物转化脂肪醇合成不饱和脂肪酸的研究已取得初步成果。

(五) 生物燃料电池微生物

生物燃料电池微生物方面，Hagerman 研究以含酸废水为原料的燃料电池。最近美国科学家找到一种嗜盐杆菌，其所含的一种紫色素可直接将太阳能转化为电能，电池里的单细胞藻类首先利用太阳能，将二氧化碳和水转化为糖，再让细菌自给自足地利用这些糖来发电。Pizzariello 等设计的两极室葡萄糖氧化酶/辣根过氧化物酶酶燃料电池，在不断补充燃料的情况下可以连续工作 30d 以上，具有一定的实用价值。Kim 等利用微生物电池培养并富集了具有电化学活性的微生物，它以淀粉加工厂的出水作为燃料，以活性污泥为细菌来源，这种电池运行了 3 年多，并从中分离出梭状芽孢杆菌（Clostridium）EG3。Pham 等用同样方法分离并研究了菌株亲水性产气单胞菌（A. hydrophila）PA3，以其为催化剂、酵母提取物为燃料的燃料电池电流可达 0.18mA。

（六）产烃微生物

除了以上能源微生物，还有许多微生物可以产生链长从 C_{16} 到 C_{35} 各种各样的烷烃，如光合细菌产生姥鲛烷和植烷，蓝细菌可以产生甲基十七烷等。在研究中还发现，真菌通常会产生长链碳氢化合物并伴随一系列低分子量的醇类、醚类、酯类、酮类和类萜烯化合物。还有研究发现，植物内生真菌可以产生一系列的挥发物质。特别是，Strobel 等报道一种遗传上非典型的粉红粘帚菌（G. roseum）在麦片琼脂培养基上可以产生一系列种类的碳氢化合物，这些烃类化合物的大多成分是生物柴油的组成部分，包括：辛烷、正庚烷、十一烷、壬烷、正十六烷等。这些挥发性物质被称为"微生物柴油"，这项发现表明真菌微生物资源对于燃料生产有重大意义。特别是发掘烃类产物的相关基因或酶，开发相应的工程菌株，对于微生物的商业化和产业化有极大的推动作用。

综上所述，微生物是生物能源的主要"反应器"，具有清洁、高效、可再生的特点。近年来随着研究的深入，逐渐显现出替代石化能源的潜力。虽然目前还存在一些技术和市场价值成本等问题，但是具有巨大的开发潜力和广阔的利用前景。此外，微生物可提高石油开采率和褐煤利用率，在现有的非可再生能源利用上也发挥极大作用，是实现能源可持续发展目标的关键因素。20 世纪是石油时代，随着对生物能源的研究和利用，越来越多的科学家和经济学家认为 21 世纪将是生物能源的时代。

第四章　农业微生物资源的开发与利用

　　农业微生物资源，是指可被开发和应用于农业生产中的微生物资源，利用其所生产的产品，主要包括微生物农药、微生物肥料及微生物饲料等。本章将对农业微生物资源的利用和开发进行深入的讨论。

第一节　微生物农药的开发与利用

　　微生物农药是利用微生物本身或微生物产生的生物活性成分来防治植物病虫害的一种农药，其最大的优点是对人畜安全无毒、选择性强、不伤害害虫天敌、害虫不易产生抗药性以及不污染环境。微生物农药的使用可减少农林业生产中化学农药的用量，减轻化学农药给自然带来的生态平衡的破坏和环境污染，消除化学农药给人类造成的灾难。因此，全球很多国家都在积极开展生物防治和微生物农药的研究。

　　微生物农药具有绿色环保、专一性强、安全性高等传统农药所不具备的优势，是发展绿色生态型农业的理想选择农药（图4-1）。将其应用于农田生物防治，极具前景。

图4-1　绿色环保的微生物农药

一、微生物杀虫剂

植物虫害问题历来严重威胁农业生产，在我国，每年都会发生大量虫害的暴发和流行，导致农作物大面积减产，甚至绝收。

为保障生产的稳定性，同时也为保障农产品安全性和保护生态环境质量，绿色环保、极具应用潜力的微生物杀虫剂越来越受到关注和重视。

微生物杀虫剂，是以能致病或致死农业害虫的微生物活体为有效成分的一种杀虫剂。其作用机制是利用产品中的杀虫微生物对特定害虫进行感染，再通过这些微生物的生长繁殖与代谢活动最终将害虫杀死，从而实现生物防治的功效。可见，微生物杀虫剂也属于微生物活菌类产品，必须借助微生物的生命活动来实现产品功能的发挥。

常见的微生物杀虫剂，主要包括病毒杀虫剂、细菌杀虫剂和真菌杀虫剂等。

（一）病毒杀虫剂

病毒杀虫剂是一类以昆虫为寄主的病毒类群，虽研究开发比细菌杀虫剂晚，但近年来发展迅速，应用比较普遍的有核型多角体病毒（NPV）、颗粒体病毒（GV）和基因工程棒状病毒。我国科技人员经过多年的努力，研制成功了一些病毒杀虫剂并实现了商品化利用。基因工程技术开发的重组病毒杀虫剂也已进入田间释放阶段。

1. 病毒杀虫剂的种类

病毒杀虫剂分为以下四种：

（1）核型多角体病毒（NPV）。如图4-2所示。该病毒呈棍棒状，包在包涵体（即多角体）内，在被感染昆虫的细胞核内发育。该病毒通过昆虫消化道上皮细胞进入体腔后才感染其他组织。我国已发现黏虫、水稻叶夜蛾、黄地老虎、棉铃虫、斜纹夜蛾、棕尾毒蛾、舞毒蛾、松黄叶蜂、家蚕、柞蚕、蓖麻蚕等的核型多角体病毒。

（2）质型多角体病毒（CPV）。该病毒与核型的主要区别是多角体在昆虫细胞质内发育，病毒粒子不是杆状而近于球形，仅在被感染昆虫体内消化道的上皮细胞中繁殖。此病毒可感染枯叶蛾、松针黄毒蛾、黄地老虎和松毛虫等，其中以防治松毛虫的效果较好。

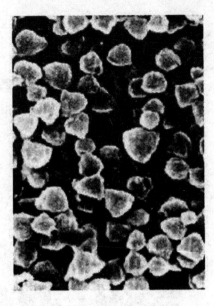

图 4-2　核型多角病毒（NPV）

（3）颗粒体病毒（GV）。病毒粒子杆状，包涵体呈圆形、椭圆形颗粒状，感染昆虫的表皮、脂肪组织和血细胞等。昆虫吞食病毒后停止进食，血液变为乳白色而死亡。此病毒可感染鳞翅目的昆虫，如云杉卷叶蛾、菜粉蝶等。

（4）无包涵体病毒。病毒粒子球状，不形成包涵体。侵染的宿主范围广泛，除昆虫纲外，还可侵染蜘蛛纲、甲壳纲等动物，如柑橘红蜘蛛和蟹等，其中以防治柑橘红蜘蛛较为有效。

2. 病毒杀虫剂的作用机制和特点

病毒杀虫剂的作用机制如图 4-3 所示。把大量的病毒制剂喷洒到农田中，可以被农田中的害虫吸收，然后通过消化道进行感染其特定的寄主，并在寄主体内进行大量的繁殖，致使寄主死亡。而繁殖的子代病毒还可以继续感染新的寄主，重复循环，最终造成寄主害虫的大面积死亡。

病毒杀虫剂有优点也有缺点。其优点有以下几点：

（1）致病力强。病毒繁殖能力极强，并可凭借自身不断的繁殖来放大作用效果。

（2）专一性强，安全可靠。病毒仅对特定的寄主害虫进行感染，不会感染人、动物和植物，以及害虫的天敌。

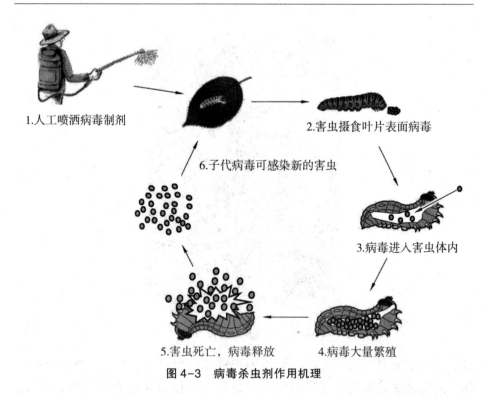

1.人工喷洒病毒制剂

2.害虫摄食叶片表面病毒

6.子代病毒可感染新的害虫

3.病毒进入害虫体内

5.害虫死亡，病毒释放

4.病毒大量繁殖

图4-3 病毒杀虫剂作用机理

（3）使用量小，持久性强。理论上，少数几个病毒就可凭借自身的增殖而自动扩大剂量，并且，其杀灭害虫的同时又能产生大量的子代病毒，这些后代又可继续感染其他害虫，如此周而复始，理论上一次施用，就可永久发挥效果。

（4）扩散、传播能力强。由于病毒粒子微小、质量轻，故可以"随风飘扬"而到处散播，通常可引起寄主害虫的流行病。

（5）不易受环境影响，抗逆性较强。相比于细胞型微生物，病毒不易受外界环境的影响，也不易在保藏和使用过程中失活。这不仅是因为病毒本身可获得其坚实的衣壳结构的保护，还因为大多数昆虫病毒都可形成包涵体，其具有保护病毒免受不良环境影响的作用。

（6）绿色环保。杀虫病毒本就取自自然界中，而非人类化工合成，因此其具有绿色天然性。此外，病毒杀虫剂的生产和使用均不会造成环境的污染。

其缺点有以下几点：

（1）杀虫谱较窄。由于一种病毒只能感染一种或少数几种害虫，故杀虫谱较窄。

（2）作用速度慢。尽管病毒的繁殖能力和致病性均比较强，但目前所分离的大多数杀虫病毒对害虫的致死时间一般要 10～20 d（化学农药几乎是立即见效）。

（3）易受紫外线灭活。尽管病毒对其他的环境因素都具有较好的耐受性，但紫外线或强光确是病毒的"天敌"。

（4）会产生耐药性。尽管与化学农药相比，害虫不易对病毒杀虫剂产生耐药性，但研究表明，害虫在接触低剂量的病毒后，经过 30～40 代的繁殖，仍会产生耐药性（化学农药一般为 15～20 代）。

（5）不易工业化大量生产。传统的病毒杀虫剂生产需要利用活体昆虫进行繁殖，这不仅劳动量大、生产周期长、成本较高，并且难以实现规模化生产。

3. 病毒的致病机理

核型多角体病毒是通过皮肤或食道感染，致病因素是病毒粒子，不是多角体。昆虫食入核型多角体后被胃液消化，放出棒状病毒粒子，经胃、中肠上皮细胞进入体腔，先吸附后进入血细胞、脂肪细胞、气管壁细胞、皮肤细胞等，后期可进入神经节细胞、丝腺细胞等。昆虫死后，病毒可在自然界传播。昆虫病毒感染的专一性强。

4. 病毒杀虫剂的开发和生产

在进行开发时，可依据病毒对寄主具有专一性来分离杀虫病毒：

（1）可以从目标害虫虫体，特别是患病或死亡的虫体上采样进行病毒的分离。

（2）可从目标害虫泛滥之处的环境土壤、水体或农作物等处采集样品，并利用细菌滤器对样品进行过滤，再将滤液与目标害虫反应，从而可从被滤液致死的害虫体内分离到目标病毒。

关于病毒杀虫剂的生产，如图 4-4 所示。在生产时，既可采用"体内法"（利用寄主害虫的活体进行病毒的繁殖），亦可采用"体外法"（利用寄主害虫的离体细胞进行病毒的繁殖）。前者虽然成本较低，稳定性较好，但是不能实现大规模化的生产，而且还容易污染；后者虽然生产效率高、周期短，也能实现规模化生产，而且易于工业化控制，但是投资比较高，技术门槛比较高，还有可能出现病毒株的突变。两种情况根据实际情况来进行生产。

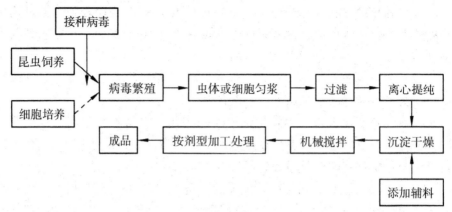

图 4-4 病毒杀虫剂的生产过程

需要注意的是，由于病毒杀虫剂的专一性较强，故其应用范围较窄。为扩大杀虫谱，除了可不断分离筛选新的广谱型病毒株以及进行育种或基因工程改造外，还可以通过将寄主不同的多种病毒进行复配和组合，从而实现产品杀虫谱的扩大。

（二）细菌杀虫剂

苏云金芽孢杆菌（Bt）的杀虫机制如图 4-5 所示。其主要依靠 δ 毒素

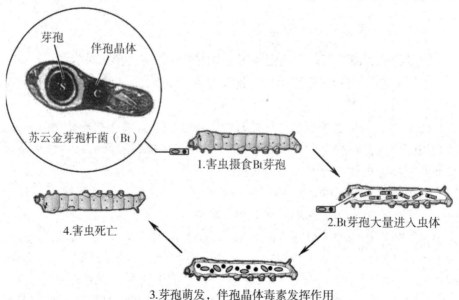

图 4-5 苏云金芽孢杆菌（Bt）作用机制

来完成对害虫的快速致死：δ毒素存在于 Bt 的伴孢晶体中，当 Bt 芽孢被害虫摄入后，该毒素可造成害虫肠道的"穿孔"，进而使害虫肠道内容物、肠道中的 Bt 和 Bt 芽孢等同时被释放入血管腔，很快害虫便因患败血症而死亡。

与病毒杀虫剂相比，细菌杀虫剂具有杀虫谱广、杀虫速度相对较快（产毒素类杀虫细菌）、易于保存（芽孢杆菌类产品）、易于工业化生产等优势，但其传播扩散能力差、一般不能引起寄主害虫的流行病，并且作用效果易受环境条件的影响（如 Bt 一般在 30℃ 以上才能很好地发挥杀虫作用），不能与杀菌剂混合使用。

关于杀虫细菌的分离，方法与杀虫病毒相似，也是通过从寄主或寄主周围环境的土壤、水体和农作物等处采样进行分离。而关于细菌杀虫剂的生产，以产芽孢类为例（图4-6），目前，主要采用液态深层发酵来进行大量生产。产芽孢类杀虫细菌一般对营养要求不高，故使用一般的农副产品为原料进行发酵即可。需要注意的是，产芽孢类细菌杀虫剂主要以芽孢而不是以菌体为有效成分，因此，在进行发酵时应适当延长发酵时间，以促使菌体老熟和产芽孢。当发酵液中芽孢形成率不再增加，并有 20% 芽孢脱落时，一般就可进行收获；此外，还需在后续加工中尽可能滤掉菌体，同时收集大量芽孢。

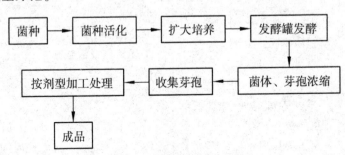

图4-6　产芽孢类细菌杀虫剂的生产过程

（三）真菌杀虫剂

同样地，真菌（霉菌）也可用于农业害虫的生物防治。实际上，杀虫真菌是发现得最早的一种杀虫微生物，早在 19 世纪，人们就已发现了金龟子绿僵菌可感染奥地利金龟子的现象，并将其试验性用于杀灭象甲幼虫。尽管后来真菌杀虫剂的发展不如细菌杀虫剂，但不可否认，在所有昆虫病原微生物中，真菌是目前种类最多的微生物，约达 750 种。真菌杀虫剂与其他微生物杀虫剂相比，具有类似某些化学杀虫剂的触杀性能，并具广谱的防治范围、残效长、扩散力强等特点。

杀虫真菌是一笔非常宝贵的微生物资源，很值得大力开发。并且，与其他杀虫微生物相比较，一些优点是杀虫真菌独有的。其优点是：

（1）杀虫谱广。多数种类专一性不强，寄主较广泛，能防治多种害虫。

（2）感染途径多。除了通过消化道途径进行感染外，多数种类还可从害虫体壁、气孔等处进行感染；而杀虫病毒和细菌通常仅能从消化道进行感染。

（3）抗逆性强。真菌孢子具有较强的抗逆性，易于保存。

（4）可引起昆虫流行病。真菌孢子质地轻柔，比细菌芽孢易于传播和扩散。

（5）易于引种定居。即使无寄主可供寄生，杀虫真菌仍可独立进行腐生生活，这有利于种群的定植和延续；而病毒只能专性寄生，离体后无繁殖能力。

关于三种重要的微生物杀虫剂的比较见表4-1。

表4-1　三种重要的微生物杀虫剂的比较

杀虫剂类型	主要优点	主要缺点	资源与开发应用情况
病毒	1. 专一性强，安全性高 2. 包涵体抗逆性强 3. 可引发昆虫流行病 4. 用量小	1. 杀虫范围较窄 2. 需用活体或活细胞进行生产	1690多株，许多已商品化
细菌	1. 不少种类可产毒素，杀虫速度较快 2. 杀虫范围广 3. 芽孢抗逆性强，易于保存 4. 易于工业生产	1. 一般不可引发昆虫流行病 2. 某些已产生抗性	100多种，许多种类商业化程度较高，应用广泛
真菌	1. 杀虫谱广且对某些害虫有特效 2. 感染途径多 3. 可引发昆虫流行病 4. 便于引种定居 5. 害虫抗性发展缓慢 6. 孢子抗逆性较好	1. 杀菌速度较慢 2. 作用效果易受环境影响 3. 不能完全实现深层液态发酵	750多种，部分已批量生产

在各种杀虫真菌中，较常应用的主要是白僵菌、绿僵菌、拟青霉、曲霉、座壳孢菌、多毛菌、虫霉和镰孢霉菌等。

其中，白僵菌是发展历史较早、普及面积大、应用最广的一种杀虫真菌（图4-7）。其主要用于防治玉米螟和松毛虫，但其寄主种类可达15目149科521属707种，还可寄生13种螨类。其杀虫机制主要为：白僵菌的孢子在附着于寄主害虫表皮后，可萌发并产生大量营养菌丝，这些菌丝可穿透害虫表皮并在其体内生长、吸取营养，同时，白僵菌还可产生大量毒素，导致寄主中毒。最终，在菌丝体的不断侵染和毒素的持续毒理作用下，害虫被杀灭。此外，白僵菌的部分菌丝还可穿出虫体外，并产生孢子，这些孢子可借风传播，继续感染新的寄主害虫（图4-8）。

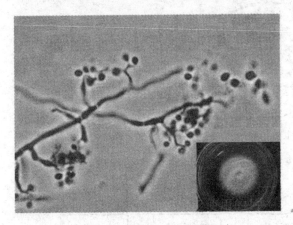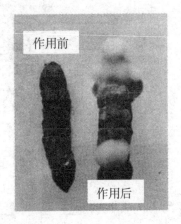

图4-7　白僵菌（左）及其作用效果（右）

通过大量的实验研究均表明，白僵菌在实际使用时不仅生物防治效果好，并且在田间存留时间长，可持续性发挥作用，这些均是其他大多数微生物杀虫剂难以比拟的。不过，其仍存在孢子萌发和生长繁殖极易受环境因素影响，使用效果不稳定，杀虫速度较慢等缺点。

真菌杀虫剂的生产，由于其有效成分是孢子，故为收获大量孢子，必须进行固态发酵，否则，液态发酵仅能收获大量菌丝体和少量液生孢子。但纯固态发酵（传统曲盘发酵）不仅发酵周期长（15d以上）、产量低（10^9个/g左右），而且极易受杂菌污染，因此，目前大都采用较为先进的液-固双相发酵法进行真菌杀虫剂的生产（图4-9）。该法主要是先通过发酵罐进行通气液态发酵，以快速产生大量菌丝体和液生孢子（或芽生孢子），然后再转至固体培养基上进行固态发酵，以产生大量孢子。此法可缩短发酵周期（约缩短至 10d 以内），并且不易污染，孢子产量高（可达 10^{10} 个/g 以上）、质量好。

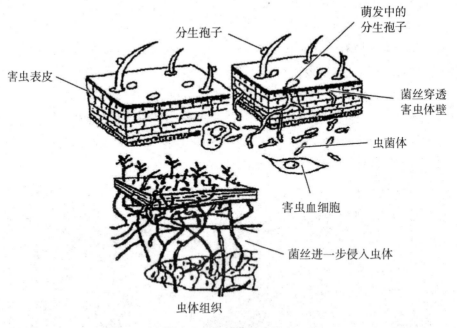

分生孢子

萌发中的
分生孢子

害虫表皮

菌丝穿透
害虫体壁

虫菌体

害虫血细胞

菌丝进一步侵入虫体

虫体组织

图 4-8　白僵菌杀虫机制

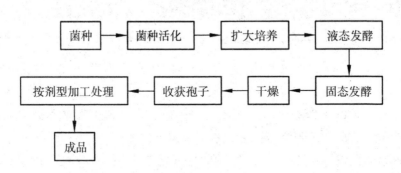

菌种　→　菌种活化　→　扩大培养　→　液态发酵

按剂型加工处理　←　收获孢子　←　干燥　←　固态发酵

成品

图 4-9　真菌杀虫剂的生产过程

关于微生物杀虫剂的使用，一般都是将其进行适当稀释后，通过人工、机械或飞机在田间进行喷洒和使用（图 4-10）。

图4-10　各类微生物杀虫剂的使用

二、微生物杀菌剂

微生物杀菌剂是一类控制植物病原菌的制剂，主要有农用抗生素、细菌杀菌剂、真菌杀菌剂和病毒杀菌剂等类型。

（一）农用抗生素

利用微生物资源开发出新型、无污染的农用抗生素，亦是有效解决农业病虫害以及农田环境污染问题的一种策略。

农用抗生素，是一类由微生物发酵产生的、具有农药功效的抗生素。其按用途可分为杀菌剂、杀虫剂、杀螨剂、除草剂和植物生长调节剂等。相比于化学农药，其具有活性高、用量小、专一性强、毒性小、易被降解等优点。

尽管农用抗生素相比于化学农药具有诸多优势，但其本质上与其他微生物农药不同，仍是一种化学类农药，并且同样存在着细菌耐药性、对人畜有毒性和农产品残留性等问题。这些均需要不断开展深入研究与分离新生产菌种来加以解决，否则，农用抗生素仍有可能成为下一个化学农药。

（二）细菌杀菌剂

近年来用细菌来防治植物病毒病取得了较大的进展。在国外用放射土壤杆菌 k84 菌系来防治果树的根癌病是成功的例子，并且已商品化。美国报道用草生欧氏杆菌防治梨树火疫病的效果与链霉素相当。由于细菌的种类多、数量大、繁殖速度快，且易于人工培养和控制，因此，细菌杀菌剂的研究和开发具有较好的前景。

（三）真菌杀菌剂

真菌杀菌剂研究和应用最广泛的是木霉菌，其次是黏帚霉类。木霉菌对植物病原真菌的抑制作用早已有发现，并也出现了一些具有抑制植物病原真菌活性的木霉菌。

三、微生物农药的应用前景

微生物农药是 21 世纪农药工业的新产业，代表着植物保护的方向，其最大的优势在于能克服化学农药对生态环境的污染和减少在农副产品中的农药残留量，同时使农副产品的品质和价格大幅度上升，可有力地促进农村经济增长和农民增收，社会效益不可估量。微生物农药作为无公害农副产品生产的必要生产资料之一，在未来的农作物病虫害防治方面将有巨大的市场需求，因此，应进一步加快微生物农药的研制、产业化和推广应用进程，降低农药在农副产品中的残留和对农田生态环境的污染，实现农作物重大病虫害可持续控制，满足我国无公害农产品产业化生产对农业科技的重大需求，同时将产生巨大的社会、经济和生态效益。

第二节　微生物肥料的开发与利用

化学肥料对农业生产发挥了不可磨灭的作用。我国是化肥生产消费第一大国，但由于长期不合理的施用，已经造成肥效急剧下降、生产成本上升、环境污染、土壤板结、可耕作性恶化。因此，大力发展生物有机肥料是发展绿色经济、生态经济的必然且迫切的社会需求。

微生物肥料就是利用天然肥料资源菌，通过提高、改造其生产性能，对其进行工业化生产的肥料。它是由具有特殊效能的微生物经过扩大培养、被草炭或蛭石等载体吸附形成的活菌制剂。此类制品主要用于拌种。微生物肥料与化学肥料、有机肥料及绿肥成分、性质不同，它是通过微生物生命活动及代谢产物改善作物养分供应，提高土壤肥力，达到促进作物生长、提高产量和品质的目的。

一、微生物肥料开发利用的一般程序

生产微生物肥料所需的微生物，主要来源于土壤，尤其是目标施用对象的根际或其营养器官（根、茎、叶等）、繁殖器官（花、果实、种子等）等处。

在进行菌种分离、鉴定和筛选时，可依据预期产品功能，来开展有针对性的工作。如开发微生物氮肥，则需分离可进行固氮的微生物，可利用无氮培养基进行选择性培养，以快速、初步分离出目标菌。在分离解磷菌时，可通过三点接种法将疑似目标菌的所有分离株接种至含有难溶性磷酸盐（如磷酸钙等）的平板培养基上，再通过能否产生溶磷圈以及溶磷圈的直径（图4-11），将目标菌初步分离、筛选出来。而在分离 PGPR 时，可同时对其促生长、抑菌、根际定植等性能分别开展工作，如可利用培养皿或营养钵种子萌发试验以初步验证其促生能力，抑菌圈试验以初步验证其抑菌能力，种子侵染与根部测菌试验以初步验证其根际定植能力，从而可将目标 PGPR 快速分离出。在图4-11中，图片中的培养基含有大量难溶性磷，当在培养基中接种解磷微生物并经过培养后，该微生物菌落周围会形成肉眼可见的一层透明圈，即为 "溶磷圈"。值得注意的是，由于土壤中微生物种类丰富，而具有固氮、解磷、促生等性能的微生物亦比较多样，故在分离时可能会获得致病菌，如假单胞菌、克雷伯氏菌或肠杆菌科菌等微生物中的一些致病性菌株。因此，在开展鉴定时，应将这些菌株淘汰。

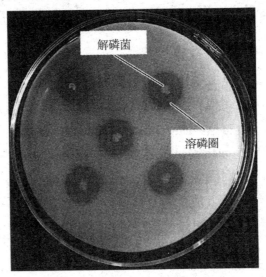

图 4-11　解磷微生物的解磷作用

而在进行应用研究时，应在实验室试验阶段先开展必要的科学研究，尤其要针对目前微生物肥料中存在的诸多缺点与应用受限问题，如具有作物选择性、作用机制不确定、环境因素对使用效果影响较大等问题开展试验和进行深入的研究，不可盲目、急于求成地进入小试和中试。待有了可靠的结果，便可按部就班地进行后续工作。相对而言，由于微生物肥料属于菌体类产品，不涉及代谢物发酵和下游工程等技术门槛较高的工作，故其工艺设计和实际生产相对容易进行。

二、微生物肥料的种类

根据微生物种类，微生物肥料可分为：细菌肥料（如根瘤菌、固氮菌、磷细菌、钾细菌、光合细菌）、真菌类肥料（如菌根真菌）及放线菌肥料（如抗生菌类）。

按照微生物的作用机理，微生物肥料又分为：根瘤菌剂、固氮菌剂、解磷菌剂、解钾菌剂、生防菌剂和根圈促生菌等。

按肥料组成，微生物肥料又可分为单一微生物肥料和复合微生物肥料。复合微生物肥料包括多种微生物复合或微生物与有机物（畜禽粪便、草炭、褐煤等）、无机物（化肥、微量元素）等多种添加剂的复合。

除上述种类外，还有以丛植状菌根（AM）真菌为有效成分的 AM 真菌肥料、以纤维素分解菌为有效成分的分解作物秸秆制剂以及以各类芽孢杆菌为有效成分的芽孢杆菌制剂等微生物肥料。

三、微生物肥料的作用

微生物肥料的功效主要是与营养元素的来源和有效性有关，或与作物吸收营养、水分和抗病（虫）有关，有的还不十分清楚，需要进一步研究。概括起来主要有以下两个方面：

（1）促进作物吸收营养。微生物肥料中最重要的品种之一是根瘤菌肥料（接种剂），肥料中的根瘤菌可以侵染豆科植物根部，在根上形成根瘤，生活在根瘤里的根瘤菌类菌体利用豆科植物宿主提供的能量将空气中的氮转化为氨，进而转化成谷氨酸和谷氨酰胺类植物能吸收利用的优质氮素，供给豆科植物一生中氮素的主要需求（一般为 50%～60%，视豆科植物宿主和根瘤菌品系的不同，可以低于此比率，也可高于此比率），也就是根瘤菌在根瘤中的生命活动给豆科植物制造和提供了氮素营养来源。与化学氮肥相比具有无可比拟的优越性，化学氮肥是外源性氮素，施入土壤后，由于环境和微生物的作用，其中很大部分通过以氮气形态从土壤的植物体系中挥发，以 N_2O 的形态脱氮，以硝态氮的形式由土壤中流失，长期过多地施用化学氮肥，引起了土壤养分平衡的失调，而且利用率不高，一般认为是仅 30% 左右，有的品种如碳酸氢铵的利用率为 14%～16%。化学氮肥利用率不高，一方面造成了经济损失，使投入的能量难以回收，另一方面也给环境带来了不良影响，地表水、地下水的硝酸盐积累，海洋、湖泊的富营养化，大气污染等，均与此有关。气体的增加及温室效应气体 N_2O 浓度的升高已成为当今农业和环境中的一大问题。而根瘤菌在根瘤中固定的氮素通过长期进化形成的氨同化系统和吸收途径几乎全部为豆科植物所吸收利用，不存在氮肥利用率低及环境污染等问题。迄今为止，把豆科作物-根瘤菌共生固氮的模式体系移植到禾本作物上一直是人类梦寐以求的，为达到此目的，世界上几十个国家成千上万名科学家一直在孜孜不倦地进行研究和探讨，仅国际生物固氮讨论会就举行了 12 届。虽然，非豆科作物的共生固氮问题远未突破，但豆科植物-根瘤菌共生固氮体系在农业和畜牧业中的潜力还远未发挥出来，大有研究和开发应用的前景。

（2）刺激作物生长，增强作物抗逆性。微生物肥料中有些菌种能分泌植物刺激素、维生素等，例如，固氮菌等能产生多种维生素类物质（生长素、肌醇、盐酸、泛酸、吡哆醇、硫胺素等），刺激作物生长，改善作物营养状况。植物根圈促生细菌 PGPR 也有刺激作物生长、提高抗逆性的功能。

四、微生物肥料的特点

根据微生物肥料的作用机制与传统肥料是截然不同的，因此，微生物肥料具有一些明显不同于传统肥料的特点。

最大特点：具有活性。这是微生物肥料与传统肥料的最大区别，同时也是微生物肥料的最大特点。微生物肥料中含有大量微生物活体，当其被施用于特定环境中时，便能在条件适宜的情况下快速生长，并通过其各种代谢活动发挥产品的功能。

微生物肥料既有优点也有缺点。其优点有以下几点：

（1）用量少，肥效长。由于微生物肥料具有活性，因此，仅少量施用（通常每亩仅用 0.5～1kg，而化肥通常 10～50kg），便可借助微生物自身的生长繁殖而自动放大剂量。此外，当肥料中微生物被施入农田后，可长期定居于根系或根际土壤中，长期发挥效果。这些均是传统化肥所不能比拟的，毕竟，化肥是"死的"，不具有可再生性，用一次，被消耗一次。

（2）除能增强土壤肥力外，还具有防病促生长的功效。微生物肥料的功能并不限于增强土壤肥力，其所含有的微生物，不少都能分泌植物生长激素或抗生素，从而可促进农作物对营养元素的吸收、刺激农作物的生长发育、对土壤有害微生物产生拮抗作用等。而传统肥料一般功能单一、肥料单一，不具有防病促生长的功效。

（3）生态环保，不会破坏土壤结构。肥料微生物，来源于自然环境，也就是生态系统和土壤中的固有成员，因此，使用微生物肥料不仅不会造成环境污染、不会破坏土壤结构，还可以调节土壤微生态平衡。而传统化肥却常引起土壤养分失调、重金属和有毒元素残留、酸化、微生态被破坏等问题，甚至其长期滥用，还会引起各种污染，严重威胁人类健康和生态平衡。

（4）生产成本低、无污染。相比于化肥生产，微生物肥料的生产工艺流程简单，可用低廉的农副产品等为原料进行发酵，并且发酵周期短，不需要造价高昂的大型化工设备，故生产成本相对较低。此外，微生物肥料的生产条件温和、无有毒有害物质产生和排放。而化肥生产，通常会产生大量废气、废液和废渣，严重污染环境。

其缺点有以下几点：

（1）对农作物具有选择性。微生物肥料中的许多微生物，往往只能与特定的植物结成互生或共生关系，如根瘤菌通常仅与豆科作物结成共生固氮体系，这无疑会限制微生物肥料的应用范围。

（2）效果不稳定，易受土壤条件和环境因素的影响。相比于化肥，微生物肥料略显"娇气"。这是由于微生物肥料功能的发挥，必须依赖微生物的生长繁殖和各种代谢活动，而微生物的代谢和生长又极易受到环境的影响。在土壤环境中，有机质、矿质元素、水分、pH、通气量、温度、光照、紫外线等因素，均会对微生物肥料的效果产生明显影响。若环境条件不适宜，微生物难以较好地进行生长和代谢，微生物肥料的效果也难以发挥，甚至还可能出现无效。

（3）不宜与化学农药共用。在农业生产中，往往可将某些肥料与农药混合后一同进行施用，以节省劳动力。但由于微生物肥料功能的发挥，是凭借微生物的生命活动而实现的，化学农药（杀虫剂、除草剂，特别是杀菌剂）中的成分，可能会抑制甚至杀死肥料微生物，故将二者同时使用，可能造成微生物肥料的失效。

（4）保藏条件要求高、有效期短。由于微生物肥料中含有大量微生物活体，因此，需保存在低温环境下（$0 \sim 10℃$）。但在生产实际中，很少具备这样的保藏条件，通常只能进行室温保藏。而微生物肥料在室温下的有效期为 $1 \sim 8$ 个月（视剂型不同而论，一般液体制剂有效期较短，固体较长），超过有效期使用，效果大大降低，甚至无效。而化肥的有效期则相对较长，一般的复合肥通常在 2 年左右。

五、微生物肥料的功能和作用机制

不同微生物肥料，因其所用菌种不同，故作用机制和功能有所不同。但概括起来（图4-12），微生物肥料的功能主要有：增强土壤肥力、促进植物营养吸收、促进植物根系生长、抑制植物病原菌、调节土壤微生态平衡、提高农作物产量以及可有效处理农田污染物等。

研究表明，微生物肥料的主要作用机制如下：

（1）通过生物固氮、光合作用或将植物难以利用的物质（如难溶性磷、难溶性钾和纤维素等）转化为可利用的养分，以增强土壤肥力，最终实现农作物的增产。

（2）通过分泌吲哚乙酸等生长激素，以促进植物的生长发育，最终实现农作物的增产。

（3）通过分泌赤霉素等植物激素，以促进根系的生长，进而促进植物

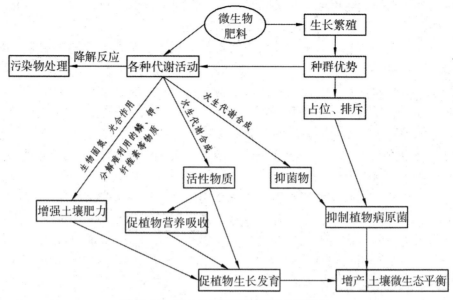

图 4-12　微生物肥料的功能和作用机制

的营养吸收，最终实现农作物的增产。

（4）通过分泌抗菌物质或利用种群优势，以抑制植物病原菌的生长、调节土壤微生态平衡，最终实现农作物的增产。

（5）通过降解性质粒产生的各种降解酶，将污染物分解，以实现农田污染物的有效处理。

六、微生物肥料的生产

微生物菌肥的生产，既可采用液态发酵，也可进行固态发酵，其生产流程如图 4-13 所示，发酵车间与设备如图 4-14 所示。

在进行菌种活化、扩大培养后，若采用固态发酵，则可使用扁瓶进行培养，待大量菌落长出后，可用无菌水将菌落刮下，制成菌悬液后再进行浓缩和后续工作。但目前，固态法已不适应大规模生产的要求，其发酵效率和对发酵原料的利用率均非常低，发酵周期长，容易造成污染，故基本不采用。

若采用液态发酵，因绝大多数肥料微生物都是好氧微生物，故可进行好氧通气发酵。培养基应选用廉价的农副产品为原料，可适当加入葡萄糖、酵母粉等。发酵温度和发酵周期应视菌种而定，但一般为 28～30℃，

24 ～ 72h;接种量一般为 5% ～ 10% 。

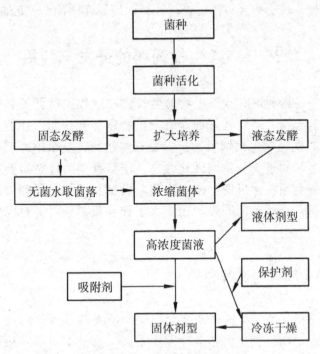

图 4-13　微生物肥料的生产流程

图 4-14　微生物肥料的发酵车间与设备

　　发酵好后,可通过离心或超滤的方法浓缩菌体,再用保护剂重悬菌体。若生产液体剂型微生物肥料,则可用菌悬液进行分装,适当加工后可包装、成品。但由于液体剂型不易保藏和运输,现已不大采用。若生产固体剂型,则可将高浓度菌悬液与吸附剂（如草炭、蛭石等）混匀进行加工,亦可采用冷冻干燥技术生产冻干粉。

微生物肥料的使用，无论是固体型，还是液体型，主要是将其在播种前先与作物种子进行混合，然后进行拌种，最后连同种子一起播种。

第三节　微生物饲料的开发与利用

发酵饲料是指利用有益微生物的生长代谢过程把秸秆等有机废弃物加工而成的营养丰富、适口性好的含有微生物菌体和代谢产物的饲料。微生物饲料添加剂也属微生物饲料类，主要有酶制剂、真菌添加剂等。利用微生物对秸秆类物质进行分解与转化改造，使秸秆中的纤维素类物质更易被牲畜消化吸收利用；通过增加微生物蛋白质提高饲料的营养价值如蛋白质的含量等。微生物饲料的开发利用扩大了饲料资源种类，对现代养殖业有重要意义。

一、微生物饲料及其种类

微生物饲料，是一类具有满足动物生产所需的营养，以及可提高饲料消化率、促进动物生长、增强动物免疫力或具有抗菌防病等功能的一大类微生物制品。

微生物饲料按其功能，可分为营养性类和功能性类。

（一）营养性类微生物饲料

这类饲料，主要功能是为动物提供生长发育和生产所需的各类营养物，如碳水化合物、脂肪和蛋白质等。其用量较大，一般可占动物配合饲料的10%～20%，即动物生产中常说的"大料"。

常见的营养性类微生物饲料有以下几类：

1. 发酵饲料

发酵饲料，是利用自然或人工接种的方式，将青饲料、粗饲料、农副产品或废弃物等经过微生物发酵后而制成的一种饲料。

这类饲料在进行制作时，常选用各类农作物秸秆、青刈农作物、饼粕、糠渣、树叶、木屑以及畜禽粪便等廉价、低质的物质为原料。这些原料在经过微生物发酵后，可使原本含有的不利于动物消化的抗营养因子被有效去除，许多有毒有害物质、有害微生物等也可被去除，并且还可使原料变得酸香、味甜、质地熟软、适口性好、动物爱吃，最终使原料的营养价值大大提高。

从理论上讲，只要方法和工艺科学合理，微生物可把这些粗粮变成精粮，甚至能将常被焚烧处理的秸秆、废弃处理的粪便彻底地"变废为宝"。这不仅可大大降低动物生产的成本，还能有效解决"人畜争粮"问题，更为重要的是，还能大大降低环境污染和提高废弃资源的回收利用率。

然而，目前还无法完全实现以上想法，应用较多的发酵饲料也只是诸如青贮饲料、发酵豆粕、发酵米糠等传统饲料。这些传统发酵饲料在营养价值上还难以媲美精饲料，更难以完全取代精饲料。为实现真正意义上的"变废为宝"，还需加强对原料特性、发酵微生物种类及其作用机制的深入研究。不过，以上想法也表明：大力开发和发展发酵饲料，前景光明、大有可为。

2. 菌体饲料

菌体饲料，是利用微生物的菌体而制成的一种饲料。非病原性的细菌、酵母菌、霉菌、蕈菌和蓝细菌等，都可以作为菌体饲料的制作原料。

微生物细胞通常含有丰富的营养，并且易于生产（生产速度快、原料来源广泛、培养方式简单等），将其开发为饲料，历来是研究和开发领域的热点。

开发和应用较早的，是单细胞蛋白（SCP）饲料，如酵母菌 SCP。酵母细胞营养丰富，易于生产，将其开发为 SCP 用于动物生产，可为动物补充大量廉价高质的蛋白质营养。特别是近代石油微生物学的发展，大量石油酵母被研究和描述。该类酵母可从石油工业脱蜡过程的废液中大量免费获取，不必额外进行生产，并且其营养丰富：蛋白质含量约占干重的 55%，超过豆饼，接近鱼粉；脂肪占 20%～25%，能量值很高；含有丰富的维生素和动物易于吸收的矿物质。这为廉价、高质饲料的开发以及资源的有效回收利用，又开辟了一条新途径。

而许多光合细菌，同样营养丰富，其干重粗蛋白含量通常在 60% 以上，并且，还可以利用工业废渣、废液进行培育、生产，这既改善了生态环境，又可大量生产出廉价、高质的饲料。

总之，菌体饲料还有着很大的发展空间和应用潜力，目前，还有许多富含多不饱和脂肪酸的海洋微生物正待开发利用。不过，也应当清楚地认识到，大多数菌体饲料尽管营养丰富，但其主要是为动物提供蛋白质，无法提供大量能量；而动物生产中用量最大的实际上是能量饲料，通常可占配合饲料的60%~70%，并且多以玉米、小麦等易引发"人畜争粮"问题的精粮为原料。此外，菌体蛋白饲料尽管蛋白含量很高，但其消化率不高，并且氨基酸组成不平衡，动物的生物学利用率实际并不高。因此，仍有必要进一步加强研究和开发，既要不断分离新的生产菌种，也要结合人工育种和基因工程改造的方法来克服这些严重制约其应用的问题。

（二）功能性类微生物饲料

这类饲料，实际上是一类饲料添加剂产品，其是添加于饲料中或配合饲料进行使用，本身不含营养物质，但具有提高饲料消化率、促进动物生长、增强动物免疫力或抗菌防病等功能的一类微生物制品。

常见的功能性类微生物饲料有以下几种：

（1）饲用益生素。其是一种通过直接或配入饲料中进行饲喂，以改善和调理动物肠道微生态平衡，并具有促消化、促生长、预防疾病、除臭气等功效的活菌制剂。此类产品中常用的菌种有各类乳酸菌、芽孢杆菌和酵母菌。

（2）饲用酶制剂。其是一种通过配入饲料中进行饲喂，可提高饲料利用率的一类微生物酶制剂。

其作用机制是：

①利用微生物所产的各种酶，将植物细胞壁破坏，使饲料中原本难以被消化酶接触的养分被有效释放出来。

②消化饲料中难以被动物本身消化的大分子物质，以提供动物吸收利用。

③将饲料中不可被动物利用的矿质元素形式转化为可利用的形式，以提高矿物质的利用效率并可减少饲料中矿物质的添加量。

④分解或转化饲料中的抗营养因子，以提高饲料的消化率。

⑤补充内源酶，提高幼龄动物的消化能力等。

饲用酶制剂是一种极具前景的微生物制剂，其不仅可以提升饲料的利用率，还可以扩大饲料原料的选择范围，将原本用量很少或几乎不被使用的粗饲料等有效加以利用。因此，饲用酶制剂值得进行大力研究和开发。

常用的饲用酶制剂主要有各类蛋白酶、脂肪酶、淀粉酶、糖化酶、纤维素酶、木聚糖酶、甘露聚糖酶、植酸酶以及复合酶等。

（3）抗生素饲料。其又叫饲用抗生素，是一种通过配入饲料中进行饲喂，能防控有害细菌并预防动物疾病、促进生长发育的一类微生物制剂，如金霉素、杆菌肽锌、硫酸黏杆菌素等。目前，由于抗生素的耐药性以及残留性等问题，国家已不提倡在饲料中使用，并且依据欧美等国的经验，下一步国家将很有可能禁止在饲料中添加任何抗生素。

（4）其他。如维生素饲料添加剂、真菌饲料添加剂等。

二、固态发酵饲料

（一）秸秆微贮饲料

微贮饲料发酵是利用各种高活性微生物复合菌剂，在厌氧、一定温湿度及营养条件下，进行秸秆不好利用成分的降解和物质转化，提高农作物秸秆营养价值，把粗饲料加工成养分较高、适口性较好的饲料的过程。秸秆经过微贮发酵能增加禽畜采食量和营养的吸收。在发酵过程中，首先由霉菌将一部分木质素、纤维素等碳水化合物降解为各种易发酵糖类，其次是酵母和乳酸类细菌将糖类经有机酸发酵转化为乳酸和挥发性脂肪酸，使贮料 pH 值降到 4.5～5.0，抑制丁酸菌、腐败菌等有害微生物繁殖，并利用饲料中的原有成分合成营养价值较高的蛋白质、氨基酸、维生素、有机酸及醇类等。质量好的秸秆发酵饲料有甜酸香味。发酵过程还能使秸秆中的半纤维素、木聚糖和木质素聚合物发生酶解，增加秸秆的柔软性和膨胀度，使瘤胃微生物直接与纤维素接触，提高秸秆的消化利用率。微贮饲料主要用来饲喂牛羊等反刍家畜。

秸秆微贮饲料的优点：

（1）成本低、效益高。一袋微贮活干菌净重 3g，可处理 1t 干秸秆。用微生物制品处理秸秆，每吨成本 10 元左右，而相同数量的秸秆氨化需尿素 30～50kg，成本远高于微贮。饲喂试验表明，在同等饲养条件下，秸秆微贮饲料对牛羊的增产（增重、产奶量）效果优于或相当于氨化处理。

（2）消化率高。微贮过程中有益菌繁殖发酵，可加快秸秆中木质素及纤维素类物质降解，加上微生物产生的酶和代谢活性物质作用，增强了牛羊瘤胃微生物区系的纤维素酶和脂酶活性，提高了秸秆消化率。

（3）适口性好、采食量高。秸秆经微生物处理后软化，酸香可口、适口性好，刺激了家畜的食欲，提高了采食速度和采食量，牛羊对秸秆微贮饲料的采食速度可提高 40%～43%，采食量可增加 20%～40%。

（4）制作季节长、易推广。微贮饲料用干秸秆和无毒的干草等，室外气温 10～40℃均可制作，制作技术简单，易于推广。

（5）原料来源广，无毒无害、饲料保存期长等特点。

（二）菌糠饲料

菌糠指收获了食用菌子实体后的发酵培养料。食用菌是一类可以食用的大型真菌，具有分解木质素的能力。木质素的存在是秸秆类饲料中纤维素和半纤维素消化率低的主要原因。利用担子菌制作纤维蛋白饲料，既可提高蛋白质含量，又能增加饲料的可消化性。

大部分食用真菌富含纤维素酶、半纤维素酶、果胶酶及蛋白酶等多种酶类，能把栽培原料中的纤维素、半纤维素和木质素等转化成可以利用的养分。每 100kg 培养料可生产 100 kg 鲜菇，并获得 60kg 菌糠，其中含有的菌丝体蛋白质被称为"菌糠蛋白"。菌糠饲料中粗纤维素和木质素含量较原料大幅度降低，粗纤维由289～368g/kg减少为 121～304g/kg，菌体粗蛋白含量由 11～65g/kg 上升到42.3～201g/kg；在纤维素酶的作用下，菌糠中秸秆表面的角质层和硅细胞层以及纤维的结晶结构被破坏，呈疏松多孔状，机械强度降低，易于粉碎，且气味芬芳、适口性好、营养价值高。

（三）果渣发酵饲料

我国是世界苹果的主产国之一，苹果汁加工每年产出的苹果渣约100 万 t。向苹果渣中添加合适的氮源，经微生物发酵可将其转化为单细胞蛋白，从而提高其营养价值。接菌处理发酵产物中纯蛋白质含量较不接菌对照提高 46.5%～113.6%（表4-2），17 种氨基酸含量提高 74.1%，动物 8 种必需氨基酸含量提高 80.4%（表4-3），营养价值大幅度提高。

表4-2　苹果渣发酵饲料纯蛋白含量（g/kg）

处理	纯苹果渣原料	苹果渣原料+油饼粉+加无机氮素
CK（不接菌）	39.1	112.2
接菌	57.3	239.7
发酵增率 Δ%	46.5	113.6

表 4-3　苹果渣发酵饲料氨基酸含量

氨基酸	发酵原料/（g/kg）	发酵产物/（g/kg）	发酵增率/%	氨基酸	发酵原料/（g/kg）	发酵产物/（g/kg）	发酵增率/%
撷氨酸*	7.74	12.83	65.8	天冬氨酸	11.65	20.85	79.0
甲硫氨酸*	2.52	4.82	92.0	苏氨酸	6.72	12.20	81.5
亮氨酸*	11.21	19.59	74.8	丝氨酸	6.64	11.98	80.4
酪氨酸*	3.86	8.41	117.9	谷氨酸	26.46	41.84	58.1
苯丙氨酸*	6.62	11.64	75.8	脯氨酸	9.19	14.30	55.6
赖氨酸*	5.43	11.17	105.7	甘氨酸	7.08	11.86	67.5
组氨酸*	4.10	7.09	72.9	丙氨酸	7.28	12.73	74.9
异亮氨酸*	6.55	11.11	74.8	胱氨酸	1.45	2.31	59.3
必需氨基酸总计	48.03	86.66	80.4	精氨酸	7.77	15.56	100.2
				氨基酸总量	132.27	230.29	74.1

*动物必需氨基酸。

三、青贮饲料的发酵原理及生产过程

下面以青贮饲料为例，简述微生物饲料的开发利用。

青贮饲料，属于一种发酵饲料，其是将青刈作物经微生物发酵后所制成的一种饲料。其主要用于饲喂反刍动物，也可少量用于饲喂部分非反刍动物。

饲料原料在经过青贮处理后，比新鲜原料耐储存，营养物质利用率更高，并且适口性更好。

（一）青贮饲料的发酵原理

青贮饲料的发酵，既可以采用自然接种，也可辅以人工接种。总之，在微生物的作用下，青刈作物中的可溶性碳水化合物转化生成乳酸、乙酸等有机酸，使青贮料的 pH 值降低，从而可促进动物对饲料的消化，抑制腐败菌生长，使饲料可长期保存，并使饲料变得酸香、味甜、质地熟软、适口性好、动物爱吃。

1. 发酵菌种

自然状态下，青刈农作物表面附有大量的土著微生物，这是青贮发酵菌种最主要的来源。而来自土壤的微生物，或在作物收割、切割过程中带入的微生物，也都是青贮发酵的菌种来源。

尽管因作物和环境的不同，发酵菌种可能会有差别，但在青贮饲料的制作过程中，最主要的发酵菌种都是乳酸菌。尽管它们在自然界的植物表面含量非常少（一般 $10^2 CFU/g$），仅占细菌总数的 $0.01\% \sim 1\%$，但最终它们能通过自身的代谢活动成为发酵体系中的优势菌种。

常见的青贮乳酸菌，主要为植物乳杆菌、粪肠球菌、嗜酸乳杆菌以及其他乳杆菌属、肠球菌属和片球菌属的微生物等。

为提高发酵效率、缩短发酵周期，以及为有效调控发酵体系和促进粗纤维的转化，在青贮发酵时常进行人工接种青贮菌剂。青贮菌剂主要由一种或多种乳酸菌为有效成分，同时添加辅助剂，如营养添加剂、酶制剂或杂菌抑制剂等。实践证明，人工添加青贮菌剂可有效提高青贮饲料的品质，并不能缩短发酵周期。

2. 发酵过程

青贮发酵，是一个复杂的、由多种微生物参与的生物质转化过程，根据微生物优势菌群及代谢活动的变化，一般将青贮过程分为三个阶段：

（1）有氧呼吸阶段。在青贮初期，青贮窖内残留有少量空气，植物细胞可继续进行有氧呼吸，同时，发酵体系中的好氧或兼性厌氧微生物（细菌、酵母菌和霉菌等）也都竞争性的利用氧气和植物表面的营养成分，快速地进行生长繁殖。

（2）发酵产酸阶段。当氧气被耗尽后，各种厌氧或兼性厌氧微生物，包括乳杆菌、肠球菌、梭菌和酵母菌等开始活跃。其通过竞争性的利用植物表面的可溶性碳水化合物（主要是糖类）和其他营养物质而实现自身的快速生长。对于管理水平较高的发酵体系，乳酸菌将会迅速生长，并很快成为优势菌群，同时产生大量乳酸和乙酸，使发酵体系 pH 值迅速降低，从而抑制梭菌、酵母菌等腐败微生物的生长（图 4-15）。

（3）稳定阶段。在经历了上一阶段后，存活下来的微生物种类已非常少，几乎全是产酸性和耐酸性很强的乳酸菌，如布氏乳杆菌，其在极低的 pH 值下仍能很好存活。存留的少量酵母菌，因缺氧而处于不活跃状态。而厌氧性杆菌、梭菌由于受到较低 pH 值的影响，多以芽孢形式存在并处于休

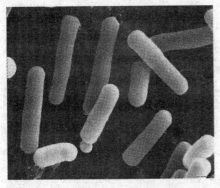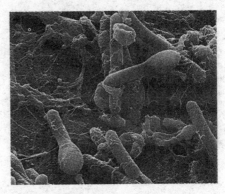

图 4-15　青贮发酵中的乳酸菌（左）和腐败梭菌（右）

眠状态。此阶段，可溶性碳水化合物将被耗尽，部分植物性蛋白被植物或微生物酶分解成肽、氨基酸、胺和氨等。该阶段一般可维持几个月至一年，直到开窖收获为止。

（二）青贮饲料的生产过程

青贮饲料的生产过程比较简单，如图 4-16 所示。

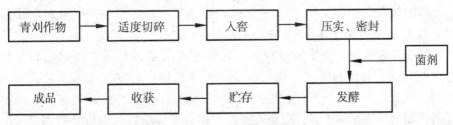

图 4-16　青贮饲料的生产过程

首先，原料的选择尤为重要。应适时进行收割（一般全株玉米应在霜前蜡熟期收割，收果穗后的玉米秸秆，应在果穗成熟后及时抢收茎秆；禾本科牧草以抽穗期收割为好；豆科牧草以开花初期收获为好），并控制好水分（玉米、高粱和牧草青贮的适宜含水量为 65%～75%）。

而切碎的程度，应按饲喂动物的种类和原料的特性来进行确定。玉米、高粱和牧草一般以 0.5～2cm 为宜。

根据青贮设备的不同（图 4-17），可采用人工或机械的方法使原料压实。随后进行密封。如有必要，可人工接种菌剂。

进行青贮发酵时，一般不需要进行过多的管理，只需定期检查密封效果和环境条件即可。

（a）地下式青贮池   （b）半地下式青贮池

（c）地上式青贮池   （d）现代青贮塔

图 4-17　各类青贮设备

青贮饲料一般需要经过 40～50d 的厌氧发酵后才可使用。开封取用后要妥善保存，注意防霉。

值得注意的是，在发酵过程中，乳酸菌的数量将是衡量青贮饲料酸化程度的指标，也是判断青贮饲料品质的重要依据。在发酵阶段，乳杆菌数量快速达到 10^9～10^{11} CFU/g，是生产高质量的青贮饲料的必要条件。而稳定阶段发酵体系的 pH 值，则是判断青贮饲料质量的另一个重要依据。高品质的青贮饲料一般要求 pH 值低于 4.2。

成品后的青贮饲料及其应用如图 4-18 所示。

图 4-18　优质青贮饲料（左）及其应用（右）

第五章　食品微生物资源的开发与利用

民以食为天，食品不仅仅是人类生存繁殖的必需品，随着经济和社会的发展，"美味"更成为高品质生活中不可或缺的元素。各类食物在经过微生物魔术般的手法后，都会变得更加别具风味。因此，大力研究和开发食品微生物资源，不断创造出美味、营养、健康的食品，这对于提高我们的生活质量和健康水平，具有十分重要的意义。

第一节　食用菌资源的开发与利用

食用菌，是继植物性、动物性食品之后的第三类食品——菌物性食品。其味道鲜美、组织脆嫩，富含高品质蛋白，并含有多种氨基酸、微量元素和维生素等，是一类高蛋白、低脂肪、营养丰富的食品，也被公认为是天然的健康食品。

一、食用菌的营养价值与保健功能

（一）营养价值

食用菌的营养价值，可概括为"高蛋白、低脂肪，含有丰富的氨基酸、维生素和矿物质，并富含膳食纤维"。

高蛋白，并不是指食用菌的蛋白质含量很高，实际上，食用菌蛋白质仅占鲜重的3%～4%（占干重的30%～40%），介于肉类和蔬菜之间。"高蛋白"的真正含义是"高营养价值蛋白"，因为食用菌的蛋白质不仅富含人体所需的多种必需氨基酸，而且氨基酸之间的比例与人体需要的比值非常接近，故食用菌蛋白质的生物学利用率非常高。每天摄入25g干品食用菌，就足以满足人体对蛋白质和氨基酸的需求，这相当于摄入50g肉、75g鸡蛋或300g牛奶。

食用菌的脂肪含量较低，平均仅为干重的4%，故能量值较低，即使大量摄入，也不会导致肥胖。值得注意的是，食用菌尽管脂肪含量较低，但其脂肪中不饱和脂肪酸的比例却很高，在75%以上。并且，在这些不饱和脂肪酸中，又有70%以上为亚油酸、亚麻酸等必需脂肪酸，对人体有着极为重要的营养和保健价值。

食用菌还含有丰富的维生素，如维生素 B_1、维生素 B_2、维生素 B_5、维生素 D、维生素 C、维生素 E 等，其维生素含量是蔬菜的 2～8 倍。此外，食用菌还含有丰富的矿质元素，如：钾、磷、硫、钠、钙、镁、铁、锌、铜等，而一些食用菌还含有大量的锗和硒。

（二）保健功能

食用菌除了具有较高的营养价值外，还具有多种保健功能。这是因为，食用菌种含有许多生理活性物质，如多糖类、三萜类、核苷类、甾醇类、生物碱类、多肽类、呋喃类等化合物，以及一些必需脂肪酸和长链烷烃等。尽管许多保健功能的具体机制目前还未被有效阐明，但不少研究均表明，这主要是食用菌多糖在发挥重要作用。

食用菌的保健功能主要有如下：

（1）增强机体免疫力。许多食用菌多糖，如香菇多糖、灵芝多糖、猴头菇多糖、银耳多糖、黑木耳多糖等，都有免疫调节的功能，能增强免疫细胞的活性，促进抗体、干扰素和细胞因子的产生，从而可提高机体免疫力。

（2）抗癌作用。目前，已知有50多种食用菌具有一定的抗癌作用。食用菌中具有抗癌作用的主要成分是食用菌多糖，如灵芝多糖、香菇多糖、茯苓多糖和金针菇多糖等。这些多糖虽然不能直接杀灭肿瘤细胞，但均被报道具有抑制肿瘤细胞生长的作用。

（3）抗菌、抗病毒作用。据报道，冬虫夏草中所含的虫草素，可抑制葡萄球菌、结核分枝杆菌、肺炎链球菌等致病菌的生长。其他许多食用菌也能分泌一定的抗菌物质，如牛舌菌素、食用菌抗生素等。而另有许多研究表明，食用菌多糖等物质可有效对抗病毒感染。如香菇多糖对带状疱疹病毒、腺病毒、流感病毒等具有抑制作用；而香菇中所含的双链核糖核酸，可抑制病毒的增殖。

（4）调节血脂作用。据报道，香菇中含有的酪氨酸氧化酶，具有降血压作用；而香菇嘌呤，则具有降低血液中胆固醇的作用。其余如金针菇、木耳、毛木耳、银耳和滑菇等多种食用菌，也被报道具有促进血液胆固醇代谢的作用。

（5）抗氧化作用。许多食用菌多糖，如香菇多糖、虫草多糖、毛木耳多糖、灵芝多糖、猪苓多糖、云芝多糖和猴头菇多糖等，都具有清除自由基、提高抗氧化酶活性和抑制脂质过氧化等作用。故经常食用食用菌，可抗衰老、抗疲劳。

二、食用菌资源的开发与利用

食用菌不仅味美、营养丰富、具有保健功效，更重要的是，食用菌生产具有不与农争时，不与人争粮、不与粮争地、不与地争肥；比种植业占地少、用水少；比养殖业投资小、风险小等诸多优势，其也被誉为是现代有机农业和特色农业的典范，正逐步成为一个颇具生命力的朝阳产业。

开发食用菌资源，大兴食用菌生产，不仅可使人类享用到美味、营养丰富、可促进健康的食用菌产品，也对农业资源的综合利用，特别是对废弃纤维素资源的有效利用，以及对缓解人畜争粮问题、节约耕地等均具有积极的作用。

然而，目前已被人工驯化、栽培或利用菌丝体发酵、形成规模化生产的食用菌品种仅有几十种，自然界中还有几千种食用菌尚未被开发利用。我国又是世界上拥有食用菌资源最多的国家之一，优越的地理环境和多样化的生态类型，孕育了大量具有珍稀保护价值和经济价值的野生食用菌。应不断加强对食用菌资源的分离和研究，并将其开发为食品、医药保健品等，不可白白浪费了大自然馈赠予人类的这笔宝贵资源财富。

（一）食用菌的分离获取

食用菌具有许多不同于其他微生物的生物学特点，看起来似乎更像是植物，因此，食用菌资源的开发，具有不同于其他微生物资源的特殊之处。而且，食用菌的采集与分离，在方法上也和别的微生物资源不一样。

首先，食用菌不同于那些肉眼不可见的细菌、放线菌或酵母菌等微生物，也不像其他微生物那样在自然界中多呈杂菌混生状态、难以开展纯种分离，其子实体一般大而明显、相对独立，并具有典型的特征，因此，分离纯种食用菌相对容易。

其次，食用菌并不像其他大多数微生物那样"无处不在"，其分布具有明显的营养学、生态学以及季节和气候等方面的规律，并常常集中栖息于某一狭小的地域环境中。因此，食用菌尽管易于开展纯种分离工作，但并不容易被发现和采集。在采集食用菌前，明确采样地点尤为重要。通常主要依据食用菌的营养学和生态学特征进行采样。食用菌的营养类型虽然可分为腐生性、寄生性和共生性，但大部分食用菌主要是腐生性的，包括木腐生、土腐生和粪草腐生等。因此，可选择枯立树木、倒落树干等处，土壤腐烂树叶层、杂草丛、朽根等处，或动物粪便、腐熟堆肥、厩肥、腐烂草堆、有机废料堆积等处，进行腐生性食用菌的采集。

采集食用菌时的重要依据主要有以下几点：

（1）食用菌偏好于偏酸性的环境（pH = 4 ～ 6）。

（2）喜好湿润的环境（相对湿度在 80% ～ 95% 有利于子实体生长）。

（3）菌丝生长一般不需要光线，而子实体生长需要一定光照，但仅要求散射光线（"三阳七阴"或"四阳六阴"的光照）。

（4）几乎为绝对好氧性。

（5）大多数在 21 ～ 32℃能较好地生长，但不同菌种对温度要求不同。

（6）大多数尤其喜好"乍晴乍雨""三晴两雨"的山区气候。

纯种菌种的分离主要有以下三种方法，分别是：

（1）孢子分离法。在无菌环境下，通过分离食用菌孢子并将其接入培养基中进行培养，从而获得纯种菌种。该方法比较适用于产孢子能力较强的食用菌。

（2）组织分离法。通过分离食用菌子实体、菌核、菌索等组织而获得纯种菌种。组织分离法操作简便、后代不易发生变异，能保持原菌株的优良特性，故使用较为广泛。

（3）基内菌丝分离法。利用食用菌的生长基质作为分离对象，从中选取生长良好的菌丝体，将其移植入培养基内进行培养而获得纯种菌种。此方法主要适用于不宜采得的子实体的食用菌。

（二）引种驯化

引种驯化工作，是整个食用菌开发项目中最重要的环节之一，也是进行食用菌生产的必要条件。许多来自科研院所或高校的菌种，或来源于自然界的野生菌种，最终能否实现产业化，都取决于引种驯化的研究结果。

在进行菌种的引种驯化时需要进行两步，分别是：

（1）需要通过查阅资料或开展试验，对所分离菌种的生物学特性有一个全面而深入的认识，如菌种的系统发育地位、营养学特性、生态学特性、生活史、是否具有毒性等。

（2）需要研究和评价菌种的生产性能，如菌体的营养与保健价值、发菌速度、出菇周期、营养谱、抗逆性、抗杂菌或抗病虫害的能力以及菌体的耐贮性等。

（三）食用菌的生产

食用菌的生产和利用，主要有以下两种形式：

（1）将食用菌如同植物那样进行栽培，并将其子实体作为食品或其他产品的加工原料。

（2）将食用菌孢子或菌丝体如同其他微生物那样进行液态发酵，并收获发酵液或菌丝体，作为有用代谢物提取以及保健品生产等的原料。

1. 食用菌的栽培

食用菌是一种比较特别的微生物，其菌丝生长阶段，具有微生物的典型特征；而子实体生长阶段，又具有植物生长发育的一些特点。因此，食用菌的栽培，前期要采用许多微生物学的技术方法，而后期则又需要借鉴许多农学或园艺学的技术方法。

不同种类的食用菌，其栽培方法具有一定的差异。下面以常见的袋式栽培法，介绍食用菌栽培的一般流程和方法（图5-1）。

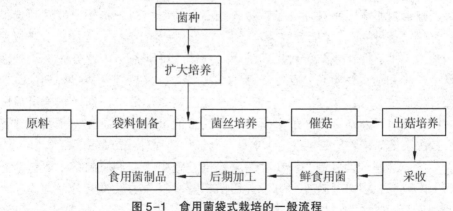

图5-1　食用菌袋式栽培的一般流程

食用菌的栽培方法有很多，但主要为段木栽培法和袋式栽培法两种（图5-2）。段木栽培法，是把适于食用菌生长的树木砍伐后，将其枝、干截成段作为培养基质，再进行人工接种，并对段木上的菌种进行培养和管理的方法。而袋式栽培法，是指将食用菌栽种于人工配制的袋装培养基中进行栽培的方法。

图 5-2　段木栽培法（左）与袋式栽培法（右）

段木栽培法，尽管具有所产菌菇品质较好、投入产出比较高等优点；但此法会破坏林木资源，并且生产周期长、原料利用率低、不适于规模化生产和工业化管理等，现已不推荐使用。而袋料栽培法，因可利用大量廉价，甚至常被废弃的原料作为培养基质，并且具有易于管理、不易受地域或环境制约、生产周期短、原料利用率高、产量高、收益大等优点，故已被广泛采用。

食用菌的栽培过程主要有以下几步：

（1）播种期选择。除了选定方法外，在食用菌的栽培中，播种期的选择亦尤为重要。因为食用菌的培养，特别是子实体的培养，不像培养其他小型微生物那样容易对环境条件进行控制，其更相似于植物，故必须选择适宜的"播种期"，才能有效保障子实体生长所需的节气。因此，应当根据当地的气候条件，并结合食用菌的生长规律，特别是结合营养体生长（菌丝生长）和子实体生长这两个阶段的生理特点，来合理选择播种期。一般而言，播种期的推算方法为：出菇培养最适宜的月份减去菌丝培养所需的时间。例如，香菇出菇（子实体分化生长）的最佳季节是在冬季月份，那么减去菌丝体培养所需的 2～3 个月，则最佳的播种季节是秋季。

（2）袋料和菌种制备。在食用菌栽培过程中，袋料的制备主要包括选料、配料、装袋和灭菌等。由于食用菌都具有很强的纤维素分解能力，因此，培养基原料可选用大量富含纤维素的廉价农副产品，如麸皮、米糠、棉籽壳、玉米芯、花生壳等，还应大量采用常被废弃处理的木屑、农作物秸秆、甘蔗渣等。在配料时，可根据菌种的营养特性，适当补充氮源（如尿素、铵盐、豆饼等）、矿物质（如磷、钾、镁等）以及重要的生长因子（对于某些共生性食用菌，需加入特殊的生长因子）等，还要调节好袋料的

pH值（pH值多为4～6）。而袋料的灭菌，一般是置于100℃下湿热灭菌数十小时。食用菌栽培所用的栽培种，同样需要由扩大培养而获得。培养流程是："一级菌种（母种）→二级菌种（原种）→三级菌种（栽培种）"（图5-3）。可用菌种瓶培养基先对母菌种进行的活化，以获得原种；原种再经过袋料培养基扩大培养，以获得栽培种。

母种　　　　　　　　　原种　　　　　　　　栽培种

图5-3　食用菌菌种的扩大培养

（3）接种与菌丝培养。当栽培所用的袋料培养基和栽培种准备完毕后，便可在无菌环境下进行接种（图5-4），一般可采用穴接法进行接种。接种

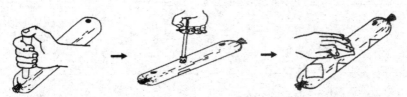

图5-4　食用菌的接种

后，将含有菌种的栽培袋转至菇房内，进行菌丝培养。菌丝培养要按照食用菌的生长阶段进行管理，并做好温度、湿度、通风和光照等的调控，以确保菌丝能够旺盛地生长。如香菇的菌丝生长期一般为 60～120d，分为萌发定植期、菌丝生长期和菌丝成熟期三个时期。每个时期都应当依据菌丝生长发育的特点来进行管理（表 5-1）。一般而言，菌丝生长越是进入旺盛期，越是需要更多氧气，并且其代谢产热量大，需要适当降低菇房温度。此外，在此期间一定要防控杂菌污染或其他病虫害，并且需要避光遮阳（光照会抑制大多数食用菌菌丝体的生长）。

表 5-1　香菇袋式栽培时菌丝培养期的管理工作一览

时期	培育时间/d	生长状况	环境条件要求			操作要点
			温度/%	相对湿度/%	通风	
萌发定植期	1～4	接入后的菌种开始定植，"吃料"	25～27	70	超过 28℃立即通风	28℃以下关门发菌
菌丝生长期	5～15	菌丝呈绒毛状向外放射式生长	25	70	早晚各一次，每次 10 min	避光遮阳，严防高温
	16～20	菌丝体向四周大幅扩展	23～25	70	每日 2～3 次，每次 2～3 h	防止杂菌污染
	21～25	穴间菌圈连接	23～24	70	早晚通风	翻袋散热
	26～35	菌丝填满袋料，洁白粗壮	24	70	每日多次通风，通风时间延长	打开口袋，疏袋散热
菌丝成熟期	36～50	菌丝扭结瘤状凸起	22～23	70	加强通风	在袋上打孔通风
	51～60	2/3 袋料出现瘤状凸起	20～22	70	加强通风	在袋上打孔通风

（4）催菇。待菌丝体生长成熟，食用菌即将由营养体生长转入繁殖体生长——即经历"菌丝体→菌丝扭结→原基→子实体"的过程。子实体，

即食用菌的繁殖体，也是食用菌生产中最终需要收获的部分。但绝大多数食用菌的成熟菌丝体，如果一直处于恒定环境条件下进行培养，是无法生长分化为子实体的；其必须受到一定的刺激，才能"结出"子实体。这也是在自然界中"乍晴乍雨，阴晴交替"容易出菇的原因，也是许多名贵野生菌无法离开其寄主、共生植物或伴生微生物的原因。这些刺激，既可来自如温度、湿度、光照、氧气和二氧化碳等环境因素的骤然变化，也可来自植物激素的刺激或有益微生物的诱导。这便是进行催菇的理论依据。催菇（或催蕾、催耳），是指当袋料中菌丝体生长成熟后，给予一定的人工刺激，使菌丝体从菌丝扭结生长的阶段转向原基形成、子实体生长分化的阶段。常用的催菇措施主要有搔菌、温差刺激、增大湿度、加大光照、加强通风、施用植物激素或添加有益菌等。其中，搔菌是指剥去袋料表面老去的菌皮，使袋料中的新生菌丝体充分接触空气，并获得适宜的温度、湿度和光照等条件，以利于原基形成的一种催菇方法。

（5）出菇培养。此阶段的食用菌，已全面从菌丝体生长阶段转入子实体生长阶段，其所需要的环境条件也不同于菌丝培养阶段。一般而言，应将栽培袋由菇房转入专门的出菇室，以便对环境条件采取更有针对性的控制。相比于菌丝生长阶段，食用菌在子实体生长阶段通常需要一定的光照、较高的湿度（一般在85%～95%）、相对较低的温度（一般15～20℃）。此外，子实体的生长需要大量氧气，且二氧化碳浓度不能过高，因此，应做好通风换气的工作。

（6）采收与后续加工。当子实体逐渐生长成熟后，应适时进行采收，特别要统筹好早收影响产量与迟收影响质地之间的关系。所栽培的食用菌若作为鲜品上市，则不用专门进行后续加工；若作为其他产品的加工原料，则可依据目的进行保鲜、干制、罐藏、盐渍、糖制等；或直接加工为调味品、饮料等，以及对其活性成分进行提取等。

2. 食用菌菌丝体的液态发酵

食用菌除了味道鲜美、营养丰富外，还具有许多生物活性成分，尤其是食用菌多糖。如果采用栽培的方式来收获大量菌体，再通过烦琐的方法去提取这些生理活性成分，显然，这不仅效率低、周期长、成本高，更关键的是还会造成大量鲜品食用菌的浪费。

自20世纪40年代末期，人类就已开始尝试食用菌的液态深层发酵。如今，已有许多食用菌已通过菌丝体液态发酵来生产诸如食用菌多糖、有机酸、氨基酸和酶等有用代谢物，以及生产蛋白食品、饲料、饮料、保健品等深加工产品。

利用液态发酵，可使食用菌充分发挥自身作为微生物的优势，这不仅可以不受环境和气候制约、生产效率高、生产周期短、劳动量小、易于控制，还能收获大量纯度较高、活性有保障的代谢物类产品。

下面以食用菌多糖的生产为例，介绍食用菌菌丝体发酵的一般过程（图5-5）。

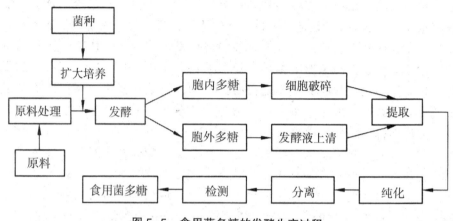

图5-5　食用菌多糖的发酵生产过程

在进行液态发酵时，培养基不宜再使用含有大量难溶性成分的木屑、谷糠或麦麸等，而需使用葡萄糖、蔗糖、酵母粉、麦麸汁、玉米浆、豆饼汁等可溶性物质为原料。尽管这似乎比进行栽培时的原料成本高，但实际上，由于液态培养时菌体对营养的吸收能力比固态要高效、原料转化率也更高，故原料的实际用量并不高（如葡萄糖、玉米浆、酵母粉、豆饼汁等一般仅添加1%～2%）。

在将试管斜面菌种经过逐级活化和扩大培养后，可接入发酵罐内进行通气搅拌式培养。一般食用菌菌丝的生长速度要慢于细菌或霉菌细胞，故发酵时间一般需要数日甚至是数十日。在此期间内，需控制好温度、pH值、溶解氧、泡沫等发酵参数，还应做好补料和代谢废物的排放。

由于食用菌的生物活性多糖既有胞外，亦有胞内形式，因此，发酵结束后，可先对发酵液进行离心或过滤处理。对于胞内多糖，可在离心后收集菌丝体沉淀进行细胞破碎，以回收胞内多糖；对于胞外多糖，则可取发酵液上清液，并在适当处理后直接开展提取工作。

食用菌多糖的提取方法有很多，一般可以分为三种，分别是：

（1）物理法。如超声波辅助提取法、微波辅助提取法、加压液体提取法以及超临界流体萃取法等。加压液体提取法和超临界流体萃取法等均具有较好的提取效果，且不易破坏多糖活性，但其比较依赖设备，设备成本相对较高。

（2）化学法。如热水浸提法、酸碱浸提法以及有机试剂（如乙醇等）浸提法等。化学法尽管效果较好，但由于反应条件相对比较剧烈（如酸碱法），且可能引入有毒试剂，故应谨慎选择。

（3）生物法。主要是酶解法等。生物法反应条件温和，有利于保持多糖的活性，但其目前还仍处于研究和发展阶段，提取效果不如其他方法。

待提取获得粗多糖后，由于其中往往含有色素、蛋白质、低聚糖和无机盐等杂质，故可采用吸附、酶解法、离子交换、透析等将其除去。如欲进一步将混合多糖分离为单一多糖，还可依据多糖的性质，采取盐析法、分步沉淀法、季铵盐沉淀法、纤维素柱色谱法、凝胶柱色谱法、亲和色谱法、电泳法和超滤法等进行分离。

最后，可对产物的总糖含量、还原糖含量、多酚类物质含量等进行测定，以评估多糖提取质量。

第二节　发酵食品的开发与利用

发酵食品，是原料经过微生物或微生物酶作用后，加工制成一种食品，如馒头、腐乳、酸奶、泡菜、火腿、酱油、醋、白酒、红茶等。发酵食品具有独特的风味，丰富了人们的饮食生活；并具有一定的保健功能，促进了人体的健康。

一、发酵食品的类型

发酵食品的种类非常丰富，按生产原料，可将发酵食品分为以下几类：
（1）发酵谷物制品。如馒头、面包、发面饼、发糕、酸粉、酒酿等。
（2）发酵豆制品。如腐乳、豆豉、纳豆、臭豆腐、老北京豆汁等。
（3）发酵乳制品。如酸奶、酸性奶油、马奶酒、干酪等。
（4）发酵蔬菜。如泡菜、酱腌菜、渍酸菜、发酵蔬菜汁等。
（5）发酵肉制品。如火腿、西式发酵香肠、虾酱、鱼露、臭鳜鱼、泡椒凤爪等。
（6）发酵调味品。如酱油、醋、豆瓣酱、甜面酱、酸辣椒、酸汤等。

（7）发酵饮品。如白酒、黄酒、果酒、啤酒、发酵茶类等。

二、发酵食品的功能和特点

发酵食品的主要功能是满足人类对味觉的需要，此外，还具有补充营养和保健的功效。而发酵食品也不同于普通食品，其除了是经过微生物发酵外，还具有以下特点：

（1）具有特殊风味。发酵食品，常常具有某种特殊、浓烈的味道，如酸味、臭味、鲜味、酱味、酒味等。这是发酵食品最大的特点，并且也是评价发酵食品产品性能的主要指标。

（2）原有性质发生改变。原料食材在经过微生物作用后，通常在形态、色泽、风味等方面都已发生较大的改变。如牛乳原本为液态，而酸奶为固态或浓稠的胶态；豆腐原本为豆香味，而臭豆腐却带有浓烈的臭味。

（3）保存期长，食用安全。由于在发酵过程中，发酵食品微生物生长成为优势菌群，并通过代谢活动抑制了大量腐败菌和致病菌的生长，故发酵食品一般不易腐败变质，也不易引发食源性感染。

（4）营养价值高。在微生物的作用下，原料食材中不易被人体消化的物质（如纤维素等）可被转化为易消化吸收的物质，而具有抗营养作用的物质（如抗性淀粉、乳糖等），也可被有效消除。此外，微生物还能产生许多新的营养物（如维生素增加），可丰富原料食材的营养。因此，发酵食品具有较高的营养价值。

（5）具有一定的保健功效。由于微生物的代谢活动可产生许多有益于身体健康的物质，如乳酸、醋酸、必需脂肪酸、必需氨基酸、微生物多糖等，故发酵食品具有一定的保健功效。例如，酸奶具有促进消化、调理肠道菌群平衡、降低胆固醇、防癌等功效；醋具有抗菌、美容、增智、预防心脑血管疾病（川芎素）等功效；而黄酒则在《本草纲目》中是 69 种药酒的主要成分，并被认为具有通血脉、厚肠胃、调肌肤、养脾气、护肝、祛风下气等功效。

三、发酵食品微生物

发酵食品微生物是发酵食品的"灵魂"，但由于发酵食品生产工艺的特殊性和传统性，这些微生物通常并不源于纯培养物，而是自然栖息于发酵食品生产原料或生产环境中的、通过利用自然环境变化规律并辅以人工创造适宜条件的方法而选择性培养出来的一大类微生物。

常见的发酵食品微生物，主要为细菌、酵母菌和霉菌三个类群。它们是发酵食品生产中的主力菌，几乎所有的发酵食品都跟它们有关。

（一）细菌

1. 乳酸菌

乳酸菌，并不是一个分类单元和系统分类学名词，其是指一类能够利用糖类发酵产生大量乳酸、不产芽孢的革兰氏阳性菌。这是一类相当庞杂的细菌群体，目前至少可分为18属，200多种。

在发酵食品生产中，常见的乳酸菌主要有植物乳杆菌、嗜酸乳杆菌、德氏乳杆菌保加利亚亚种、肠膜明串珠菌、嗜热链球菌、干酪乳杆菌、副干酪乳杆菌、两歧双歧杆菌、短双歧杆菌、乳酸片球菌、乳酸乳球菌等（图5-6）。

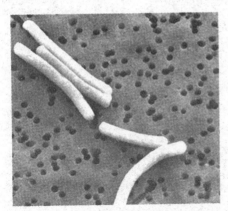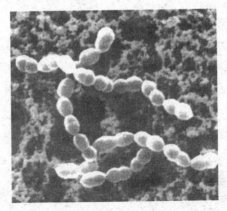

图5-6 德氏乳杆菌保加利亚亚种（左）与嗜热链球菌（右）

乳酸菌可谓发酵食品生产中的第一大细菌，作用十分重要。具有酸味的发酵食品，几乎都有乳酸菌参与发酵。其在发酵食品生产中，主要发挥着下列作用：

（1）产乳酸、乙酸、琥珀酸等有机酸。

（2）产多种维生素。

（3）产细菌素、乳酸等抗菌物质。

（4）产胞外多糖。

（5）产丁二酮、乙醛、乳酸乙酯、醋酸丁酯等风味物质。

（6）凝乳，增稠等作用。

2. 醋酸菌

醋酸菌，也不是分类学名词，其是指能以氧气为终端氢受体，并能氧化糖类、糖醇类和醇类生成相应的糖醇、酮和有机酸的革兰阴性菌的总称。为便于理解，也可将醋酸菌简单认为是一类可氧化乙醇而产生乙酸的细菌。

在食醋生产中，最主要的醋酸菌是醋酸杆菌。而在该属中，又以奥尔良醋杆菌和巴氏醋杆菌最为常见。它们在食醋发酵过程中，可催化乙醇生成乙酸，并且具有较强的耐酸性和耐受乙醇的能力。

而氧化葡萄糖杆菌虽然仅有微弱的产酸能力，但其在食醋生产中可生成醇和醛，能增加风味。

3. 芽孢杆菌

芽孢杆菌在多种发酵食品的生产中都发挥着重要作用，如发酵乳制品、白酒、腐乳、豆豉等。常见的发酵食品芽孢杆菌有：凝结芽孢杆菌、地衣芽孢杆菌、枯草芽孢杆菌等，它们主要具有产蛋白酶、淀粉酶、糖化酶、纳豆激酶，以及产风味物质和可以改善乳品结构特性等功能。

（二）酵母菌

1. 酿酒酵母

酿酒酵母，又叫啤酒酵母、面包酵母等，其是与人类关系最密切的一种酵母菌。在馒头、面包、白酒、啤酒、食醋等的生产中，酿酒酵母都是最核心的成员。

在馒头和面包的制作中，酿酒酵母可利用面团中的糖类，通过有氧呼吸产生 CO_2 使面团膨松；并发酵产生乙醇、小分子有机酸、酯类等挥发性化合物，使面团具有发酵风味。

在白酒、啤酒和食醋的酿造中，酿酒酵母可利用葡萄糖发酵产生乙醇；在白酒酿造过程中，其还可生成高级醇、芳香杂醇、酸类、酯类、萜类、呋喃类等风味物质。

2. 酵母菌

生香酵母，是一类在发酵食品生产中具有生香作用的酵母菌的俗称。

在白酒生产中，汉逊酵母、异常威客汉姆酵母以及库德里阿兹威毕赤酵母等可产酯类、醇类、有机酸类、萜类等风味物质；而在酱油生产中，易变假丝酵母和埃切氏假丝酵母等可产 4-乙基愈创木酚、4-乙基愈创苯酚等重要香气物质；鲁氏接合酵母，则可在酱油和腐乳生产中将糖类转化为高级醇及芳香杂醇类物质，对风味物质的形成起着重要作用；而汉逊酵母还可在火腿制作中发挥生香作用。

（三）霉菌

1. 曲霉

曲霉属真菌，是发酵食品领域的"明星"，其可产生各种胞外酶，如淀粉酶、糖化酶、纤维素酶、果胶酶、蛋白酶和多酚氧化酶等，并具有超强的发酵能力，被广泛应用于各种发酵食品的生产中。

在曲霉中，黑曲霉、米曲霉主要应用于白酒、酱油、食醋、腐乳和发酵茶的生产；黑茶琉球曲霉主要应用于白酒生产；酱油曲霉则多用于酱油生产；而塔宾曲霉主要用于发酵茶的生产。

2. 毛霉与根霉

在腐乳生产中，常常可见原料豆腐上长满了一层"毛"。这些"毛"，实际上是毛霉科真菌的菌丝体。

毛霉科中的毛霉属和根霉属真菌，是腐乳生产中的最主要微生物。它们都是一类低等真菌，菌丝无隔；前者营养菌丝体可特化假根，但无匍匐菌丝，后者营养菌丝体可特化为假根和匍匐菌丝（图5-7）。

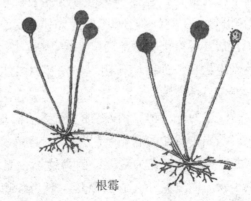

毛霉　　　　　　　根霉

图 5-7　毛霉与根霉

它们都具有较强的产胞外蛋白酶的能力，能将豆类蛋白分解为氨基酸等鲜味物质以及各种香气物质。此外，它们也有着较强的糖化能力，可被广泛用于其他发酵食品的生产。

四、"曲"

在许多传统的酿造食品中，如白酒、黄酒、酱油和食醋等，都必须使用"曲"才能完成生产（图5-8）。

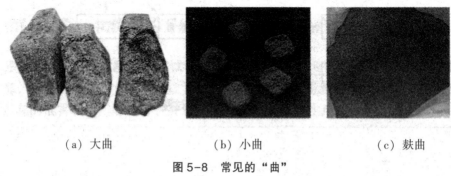

(a) 大曲　　　　　　(b) 小曲　　　　　　(c) 麸曲

图5-8　常见的"曲"

曲，是中国发酵技术中的一项伟大发明，国内外曾高度评价："曲给中国乃至世界的发酵业带来了极其广泛而深远的影响。"日本著名酿造专家也认为，曲的发明，堪比中国"四大发明"。

曲是一种发酵剂、菌剂或酶制剂，其实质是由各种发酵食品微生物及其丰富的酶系所组成的一种具有生物催化功能的制剂。

曲中的微生物，包括细菌（如芽孢杆菌、乳酸菌、梭菌等）、酵母菌（如酿酒酵母、生香酵母等）、霉菌（如曲霉、毛霉和根霉等）等；曲中的酶，则包括各种微生物的淀粉酶、糖化酶、蛋白酶、脂肪酶、纤维素酶等。在这些微生物和酶的协同作用下，发酵原料能被有效地转化为各类醇、有机酸、酯等目标产物。

曲是酿造的"灵魂"，没有曲，就无法实现生产。因此，在原料进行发酵前，必须先进行曲的制作。制曲的一般过程如果5-9所示。

制曲原料的选择尤为重要，因为这不仅是一种选择培养基，更是发酵食品微生物的主要来源。制曲原料一般为谷物或农副产品，如白酒大曲的制曲原料一般为小麦，也可辅以大麦、豌豆等；白酒小曲是以大米粉或米糠为原料，并添加少量中草药；酱油曲可用麸皮和小麦为原料；食醋酿造中的糖化曲，可用麸皮等为制曲原料。

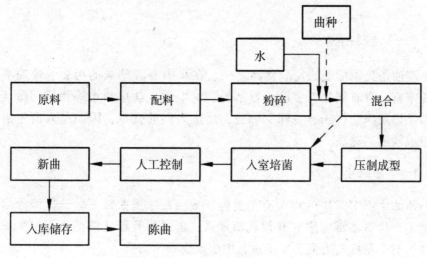

图 5-9　制曲的一般过程

在制曲原料加工好后，一般需进行压制，制成块状的"曲坯"（也可不压制，呈粉状，如麸曲）。可将制曲原料与适量水混合，通过人工踩曲或机械压曲等方式将制曲原料压制成一定形状。如果是自然接种法制曲，则可将曲坯直接转入曲室内进行培菌；若是人工接种法制曲，则在制曲原料与水混合时，加入相应的曲种即可。曲种，既可以是以往制作好并保存下来的含有混合菌群的曲（老曲），也可以是某种微生物的纯培养物。

在曲室进行培菌时，要人工控制好培养条件，以保障目标菌种的生长。在传统制曲工艺中，主要是对肉眼可见的霉菌进行培养，一般可分为孢子萌发期、菌丝生长期、菌丝发育期和孢子成熟期四个阶段进行培养。而所谓人工控制，主要是依据上述四个阶段的生理特点，控制好温度、水分和通风等，并做好翻曲工作。翻曲，即将曲坯上下对调、左右对调，其目的是疏松曲料，并调节水分、氧气和温度等。值得注意的是，尽管表面上只对霉菌进行了培养，但实际上，许多肉眼不可见的细菌和酵母菌等微生物也都同时获得了培养。

最后，当曲坯培养好后，可依据具体的生产工艺进行后期处理。可直接使用，也可储存一段时间再用，即陈曲。

五、发酵食品的生产

（一）酱油酿造

酱油是我国传统的发酵食品之一，在我国有着悠久的历史。酱油不仅营养丰富，含有糖分、多肽、氨基酸、维生素、食盐和水等物质，而且赋予食品以咸味、鲜味、香味和颜色，增进人们的食欲，因而是人们生活中不可或缺的调味品。

1. 酱油的生产

酱油生产中常用的霉菌有米曲霉、黄曲霉、黑曲霉等，选择菌种的依据是不产生黄曲霉毒素和其他真菌毒素；蛋白酶及糖化酶活力强，生长繁殖快，对杂菌抵抗力强，发酵过程中能形成香味物质。

我国目前主要采用"低盐固态发酵"酿造酱油，原料主要为大豆（或豆粕、豆饼）、麸皮、麦片等，发酵曲种主要是米曲霉和黑曲霉。其酿造流程如图5-10所示。

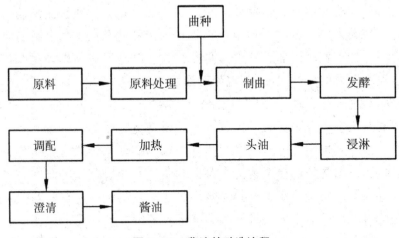

图5-10　酱油的酿造流程

2. 影响酱油质量的微生物

一般情况下，影响酱油质量的微生物有以下几种：

（1）曲霉污染。有些原料本身发霉，或在发酵过程中污染某些曲霉菌；

其中有些菌霉能产生黄曲霉毒素。

（2）细菌污染。酱油中卫生指标规定，细菌数每 mL 不超过 5 万，其中大肠杆菌 100mL 不得超过 30 个。不得检出致病菌。如果超过标准，则表示发生污染。这种污染主要来源于种曲、容器等，也可能与粪便污染有关。

（二）醋的酿造

食醋的酿造方法通常可分为固态发酵和液态发酵两大类。我国传统的酿造法多采用固态发酵。用这种方法生产的醋风味较好，但需要的辅料多，发酵周期长，原料利用率低，劳动强度大。

下面以经典的固态法为例，简述醋的酿造。其酿造流程如图 5-11 所示。

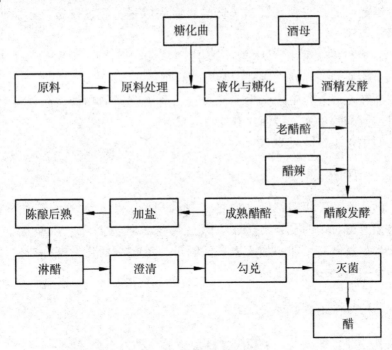

图 5-11 醋的酿造流程

在醋的酿造中，发酵前的一系列处理与酱油酿造相似，只是不必进行"成曲"的制作。原料处理好后，接入糖化曲（黑曲霉），进行淀粉的液化与糖化处理。

醋的发酵，最大特点便是要分为两个完全不同的阶段进行。前期是厌氧的酒精发酵，利用酒母发酵原料中的葡萄糖产生乙醇；该过程温度一般控制在 38℃ 左右，发酵时间一般为 5～7d；发酵结束时乙醇浓度可达 8% 左右。后期则是好氧的醋酸发酵，由富含高活力醋酸菌的培养物（老醋醅）氧化上一阶段产生的乙醇，生成乙酸；该过程温度一般控制在 39～41℃，发酵时间一般 12d 左右；此外，此阶段需进行补料，一般可加入醋糠。

发酵成熟后所得的醋醅中，要加入食盐，目的是防止乙酸的氧化。之后，进行陈酿、后熟，以提高醋的风味。而后续的工序，与酱油生产相似，也是将醋浸淋出来，并进行澄清、勾兑、灭菌，即可得成品醋。

（三）白酒和黄酒的酿造

1. 白酒的酿造

白酒是用淀粉或含有可发酵糖的物质为原料，经过发酵、蒸馏而制成的一种蒸馏酒。

白酒生产一般采用"大曲"中的微生物作为菌种。大曲是用小麦、大麦和豌豆为原料，经自然接种而制成的酒曲。

白酒在发酵过程中除产生乙醇外，还产生较多的酯类、高级醇类以及挥发性游离酸等物质，因而比其他酒更具香味。

白酒中含酒精一般为 20%～60%。

2. 黄酒的酿造

黄酒是原产于我国江浙一带的一种饮料酒。生产黄酒的菌种是根霉、曲霉和绍兴酵母菌的混合物。生产原料主要是糯米。生产工艺流程大致如下：

浸米→蒸煮→冷却→加入麦曲、酒母→落缸→糖化发酵→后发酵→压榨→澄清→煎酒→坛→成品。

（四）腐乳的制作

腐乳，又名霉豆腐，是我国独具特色的一种发酵食品，早在 1500 多年前就有记载。其是豆腐经多种毛霉科真菌或芽孢杆菌等作用后，所制成的具有特殊色香味的豆制品。

在腐乳发酵过程中，蛋白质被分解为胨、多肽和氨基酸类似物等鲜味物质，以及酸类、醇类、酯类等风味物质。

腐乳的制作过程大致如下：豆腐→切坯→豆腐坯→自然接种（常温发酵 7d）→毛坯→加入辅料→装坛→后发酵→成品。

第三节　微生物与食品腐败变质

食品的腐败变质，一般是指食品在一定的环境因素影响下，由微生物为主的多种因素作用下所发生的食用价值降低或失去食用价值的一切变化，包括食品成分和感官性质的各种变化。如鱼肉的腐臭、油脂的酸败、水果蔬菜的腐烂和粮食的霉变等。

食品腐败变质后，特性就会发生不可接受的改变。这些变化并非总是食品组织内的微生物所造成的：如由于虫害、干燥、漂白或酸败的结果，但大部分食品的腐败变质是微生物活动的结果。

一、食品变质的类型

食品变质的类型主要有三种，分别是：

（1）腐败。食品的蛋白质成分在厌氧条件下被微生物分解，产生以氨基酸、氨、胺、硫化氢和恶臭为主的变化。

（2）酸败。食品的脂肪成分被微生物分解成脂肪酸和甘油的变化。

（3）发酵。食品的碳水化合物成分被微生物分解成酸、醇和气体的变化。

二、食品腐败变质的原因

影响食品腐败变质的原因很多，有物理因素、化学因素和生物因素，其中微生物污染所引起的食品腐败变质是最为重要和普遍的。一般认为是以食品本身的组成和性质为基础，微生物作用为主，外环境（温、湿度，光照，氧气）的影响，三者互为条件、互相影响、综合作用的结果。微生物作用是引起食品腐败变质的重要原因，包括起主要作用的细菌、次要作用的霉菌、再次为酵母。微生物所含的酶有两种，即细胞外酶和细胞内酶。细胞外酶将食物中多糖、蛋白质分解为简单物质，被细胞吸收。细胞内酶将吸收的简单物质进行分解，产生代谢物，使食品具有不良的气味及味道，使食品发生变质。

三、各类食品中的微生物

（一）肉类微生物

1. 肉类受污染过程

肉类受污染过程主要分为两种，分别是：

（1）宰前微生物感染：平常生活中感染沙门氏菌、结核杆菌、炭疽杆菌、金黄色葡萄球菌、溶血性链球菌等。

（2）宰后微生物污染。宰杀过程中污染沙门氏菌等会引起食物中毒、肠道传染病、人畜共患病。

2. 微生物引起肉类变质的感观变化

微生物引起肉类变质的感观变化主要有以下两种：

（1）变味：蛋白质分解产生臭味（H_2S），脂肪酸酸败产生臭味，糖分解酸败等形成各种异味，如哈喇味、酸味、泥土味和恶臭味等。

（2）霉斑：霉菌生长形成各种霉斑。

（二）蛋微生物

蛋微生物的来源及污染途径：

（1）产蛋生殖器内污染：细菌侵入卵巢，卵黄形成时易感染沙门氏菌、类白喉杆菌、微球菌等。

（2）禽蛋产后污染：蛋表面污染后侵入内部，导致腐败、霉变等。

（三）乳微生物

1. 乳微生物来源及污染途径

鲜乳中的污染微生物主要来源于乳房内的污染微生物和环境中的微生物，主要有乳酸细菌、胨化细菌、脂肪分解细菌、酪酸细菌、产气细菌、产碱细菌以及酵母和霉菌。它们在鲜乳中的生长有一定的顺序性，可以分为抑制期、乳酸链球菌期、乳酸杆菌期、真菌期和胨化细菌期，pH 值也是先下降再逐步回升，如图 5-12 所示。

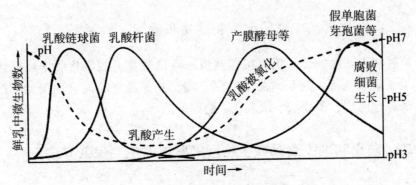

图 5-12　鲜奶变质过程中的微生物种群变化

2. 细菌的种类与引起的变质

细菌的种类与引起的变质主要有以下几种：

（1）黏稠化变质：表面黏稠化和奶液全部黏稠化。

（2）脂肪变质：脂肪分解，由芳香味变为油漆臭。

（3）变色：正常乳是白色、淡黄色，而微生物污染后乳可能呈现不同的颜色。

第四节　食品储藏中的微生物控制

一、食品贮藏中微生物污染的预防与控制

（一）食品微生物污染的预防

许多食品如水果、蔬菜、鱼、肉、禽蛋等，内部一般不常含有微生物，但其外表往往带有各种各样的微生物，在某些条件下其数量相当巨大。作为预防措施，首先是对某些食品原料所带有的泥土和污物进行清洗，以减少或去除大部分所带的微生物。干燥、降温等措施可抑制微生物的生长繁殖。

在加工、运输、贮藏过程中，环境、设备、辅料和工作人员等各个环节，都应注意防止微生物对食品的污染。无菌密封包装是食品加工后防止微生物再次污染的有效方法。

（二）控制食品中残留微生物的生长繁殖

经过加工处理的食品仍有可能残留一些微生物。控制食品中残留微生物的生长繁殖就可以延长食品的贮藏日期，并保证食品的食用安全。控制的方法有低温法、干燥法、厌氧法、防腐剂法等。

二、防止和减少食品微生物污染腐败的主要保藏方法

（一）辐射后贮藏

将食品经过 X 射线、β 射线、γ 射线、电子射线照射后再贮藏。射线穿透力强，不产生热，不破坏食品的营养成分以及食、香、味等，无须添加剂，无残留物，甚至可以改善和提高食品品质，经济有效，可以大批量连续进行。

（二）干燥贮藏

微生物的生长需要适宜的水分，如许多细菌实际上生存于表面水膜之中。因此将食品进行干燥，减少食品中水的可供性，提高食品渗透压，使微生物难以生长繁殖，是古今都使用的有效方法。

（三）加入化学防腐剂保藏

在食品贮藏前，加入某些一定剂量的可抑制或杀死微生物的化学药剂，可使食品的保藏期延长。常用的防腐剂有：用于抑制酸性果汁饮料等食品中的酵母菌和霉菌的苯甲酸及其钠盐；用于抑制糕点、干果、果酱等食品中的酵母菌和霉菌的山梨酸及其钾盐和钠盐、丙酸及其钙盐或钠盐、脱氢乙酸及其钠盐等。在使用这些化学防腐剂时必须注意剂量问题，不能过量，因过量的防腐剂对人体有害。

第五节　食品安全与检测

食品安全已成为当今影响广泛而深远的全球性和社会性热点问题。食品作为环境中物质、能量交换的产物，其生产、加工、贮存、分配和制作

都是在一个开放的系统中完成的，因此在食品的整个生命周期链中，都可能出现因环境污染因素而导致的食品不安全情况。

一、食品污染

所谓食品污染就是指食品从原料的种植、生长到收获、捕捞、屠宰、加工、贮存、运输、销售、烹调直到食用的整个过程的各个环节中，混进了对人体健康有害或有毒的物质，造成食品安全性、营养性和感官性状发生改变的过程。食用受污染的食品会对人体健康造成不同程度的危害。

（一）食品污染的分类

食品污染物主要可以分为以下四个方面：
（1）食物中存在的天然毒物。
（2）环境污染物。
（3）滥用食品添加剂。
（4）食品加工、贮存、运输及烹调过程中产生的有害物质或工具、用具中的污染物。

环境中污染物进入食品有如下途径（图5-13）。

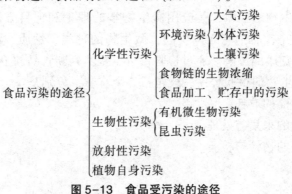

图5-13　食品受污染的途径

食品污染造成的危害主要有以下四点：
（1）影响食品的感官性状。
（2）造成急性食物中毒。
（3）引起机体的慢性危害。
（4）对人类的致畸、致突变和致癌作用。

（二）食品污染状况

我国每年因食物和水源污染造成的腹泻案例不少于 1.2 亿人次，每年食物中毒报告例数在 2 万～4 万人，但专家估计这一数字不到实际发生数的 1/10，也就是说我国每年食物中毒为 20 万～40 万人。食品安全的中心问题是污染问题。许多不安全因素贯穿于食品供应的全过程，特别是工业化的发展带来的环境污染问题，新技术、新材料、新原料的使用，致使食品受污染的因素日趋多样化和复杂化，一些老的污染物问题尚没有得到很好的控制，又出现了不少新的污染物。据世界卫生组织估计，全世界每年数以亿计的食源性疾病患者中，70% 是由于各种致病性微生物污染的食品和饮用水引起的。2000～2002 年中国疾病预防控制中心营养与食品安全所对全国部分省市的生肉、熟肉、乳和乳制品、水产品、蔬菜中的致病菌污染状况进行了连续的主动监测，结果表明，微生物性食物中毒居首位，占 39.32%；化学性食物中毒占 38.56%；动植物性和原因不明的食物中毒均在 10% 左右，食品污染危害猛似虎。

二、食品中微生物的检验

食品中微生物的检验，是应用微生物学的理论和项目方法，根据卫生学的观点来研究食品中有无微生物，微生物的种类、性质、活动规律以及对人类生产和健康的影响。通过检验，可以基本判断食品的卫生质量。

食品中微生物的检验程序一般包括 5 个步骤，分别是：

（1）检验前的准备。

（2）样品的采集与处理。

（3）样品的送检与检验。

（4）检验。

（5）结果。

（一）检验前的准备

检验前的准备一般需要从以下方面做好准备：

（1）准备好所需的各种仪器，如冰箱、恒温水浴箱、显微镜等。

（2）各种玻璃仪器，如吸管、平皿、广口瓶、试管等均需刷洗干净，包装，湿法（121℃，20min）或干法（160～170℃，2h）灭菌，冷却后送无菌室备用。

（3）准备好项目所需的各种试剂、药品，做好普通琼脂培养基或其他选择性培养基，根据需要分装试管或灭菌后倾注平板或保存在 46℃ 的水浴中或保存在 4℃ 的冰箱中备用。

（4）无菌室灭菌。如用紫外灯法灭菌，时间不少于 45min，关灯 30min 后方可进入工作；如用超净工作台，需提前 30min 开机。必要时进行无菌室的空气检验，把琼脂培养基暴露在空气中 15min，培养后每个平板上不得超过 15 个菌落。

（5）检验人员的工作衣、帽、鞋、口罩等灭菌后备用。工作人员进入无菌室后，在项目未完成前不得随意出入无菌室。

（二）样品的采集与处理

1. 样品的采集

固体样品有：肉及肉制品、乳及乳制品和蛋制品。

（1）肉及肉制品。

①生肉及器官。如屠宰后的畜肉，可于开腔后，用无菌刀割取两腿内侧肌肉 50g；如冷藏或市售肉，可用无菌刀割取腿肉或其他部位肉 50g；如取内脏，可用灭菌刀，根据需要割取适于检验的脏器。所采样品，及时放入灭菌容器内。

②熟肉及灌肠类肉制品。用无菌刀割取放置不同部位的样品，放入灭菌容器内。

（2）乳和乳制品。如是散装或大型包装，用无菌刀、勺取样，采取不同部位具有代表性的样品；如是小包装，取原包装品。

（3）蛋制品。

①鲜蛋用无菌方法取完整的鲜蛋。

②鸡全蛋粉、巴氏消毒鸡全蛋粉、鸡蛋黄粉、鸡蛋白片。在包装铁箱开口处用 75% 乙醇消毒，然后用灭菌的取样器斜角插入箱底，使样品填满取样器后提出箱外，再用灭菌小匙自上、中、下部位采样 100 ~ 200g，装入灭菌广口瓶中。

③冰鸡全蛋、巴氏消毒的冰鸡全蛋、冰蛋黄、冰蛋白。先将铁箱开口处的外部用 75% 乙醇消毒，而后将盖开启，用灭菌的电钻由顶到底斜角插入。取出电钻，从电钻中取样，放入灭菌瓶中。

液体样品：

（1）原包装瓶样品取整瓶，散装样品可用无菌吸管或匙采样。如是冷冻食品，采取原包装，放入隔热容器内。

（2）罐头根据厂别、商标、品种来源、生产时间分类进行采取，数量可视具体情况而定。

2. 样品的处理

样品的处理有：固体样品处理、液体样品处理和罐头样品处理。

（1）固体样品处理。用杀菌刀、剪或镊子称取不同部位样品10g，剪碎，放入杀菌容器内，加定量水（如不易剪碎者，可加海砂研磨）混匀，制成1∶10混悬液，进行检验。在处理蛋制品时，加入约30个玻璃球，以便振荡均匀。生肉及内脏，先进行表面消毒，再剪去表面样品，采取深层样品。

（2）液体样品。

①原包装样品。用点燃的酒精棉球消毒瓶口，再用经石炭酸或来苏水消毒液消过毒的纱布将瓶口盖上，用经火焰消毒的开罐器开启。摇匀后，用无菌吸管直接吸取。

②含有二氧化碳的液体样品。可按上述方法开启瓶盖后，将样品倒入无菌磨口瓶，盖上一块消毒纱布。将盖子打开一条缝，轻轻摇动，使气体逸出后进行检验。

③冷冻食品。将冷冻食品放入无菌容器内，等溶化后检验。

（3）罐头。

①密闭试验将被检罐头置于85℃以上的水浴中，使罐头沉入水面以下5cm，然后观察5min，发现小气泡连续上升着，表明漏气。

②膨胀试验将罐头放在（37±2）℃环境7d，水果和蔬菜罐头放在20～25℃环境下7d，观察罐头盖和底有无膨胀现象。

③取样。先用乙醇棉球擦去罐上油污，然后用点燃的乙醇棉球消毒开口的一端。用来苏水消毒液纱布盖上，再用灭菌的开罐器打开罐头，除去表层，用灭菌匙或吸管取出中间部分的样品，进行检验。

（三）样品的送检与检验

样品的送检与检验分为以下几步：

（1）采集好的样品应及时送到食品微生物检验室，越快越好，一般不超过 3h，如果路途遥远，可将不需冷冻的样品保持在 1～5℃的环境中，勿使冻结，以免微生物遭受破坏；如需保持冷冻状态，则需保存在泡沫塑料隔热箱内（箱内有干冰时可维持在 0℃以下），应防止反复冰冻和溶解。

（2）样品送检时，必须认真填写申请单，以供检验人员参考。

（3）检验人员接到送检单后，应立即登记，填写序号，并按检验要求，立即将样品放在冰箱或冰盒中，并积极准备检验。

（4）食品微生物检验室必须备有专用冰箱保存样品，一般阳性样品发出报告后 3d（特殊情况可延长）方能处理样品；进口食品的阳性样品，需保存 6 个月方能处理；阴性样品可及时处理。

（四）检验

每种指标都有一种或几种检验方法，应根据不同的食品、不同的检验目的选择合适的检验方法。常规的检验方法，主要参考现行国家标准。但除了国标外，国内尚有行业标准（如出口食品微生物检验方法），国外尚有国际标准（如 FAO 标准、WHO 标准等）和每个食品进出国的标准（如美国 FDA 标准、日本厚生省标准、欧共体标准等）。总之，应根据食品的消费去向选择相应的检验方法。

（五）结果报告

样品检验完毕后，检验人员应及时填写报告单，签名后送主管人核实签字，加盖单位印章，以示生效。

第六章　医药微生物资源的开发与利用

医药产业，是保障公众健康和生活质量等关乎人类切身利益的重要产业。人类前进的历史，同时也是一部与疾病不断斗争、不断战胜病魔的"战争史"，而医药产业和微生物制药在这一系列战役中，始终扮演着最重要的角色。随着医药产业的继续发展，人类越来越认识到微生物对于预防疾病和保障人类健康有着巨大的作用。

第一节　微生物资源与微生物制药

医药微生物资源，是可应用于制药或用于其他医疗保健用途的微生物的总称。

历史上，免疫防治法的发明和广泛应用、多种抗生素的筛选及应用、基因工程药物的问世及应用等，都是医药微生物资源研究与开发工作的伟大成果。人类利用微生物制造出了多种抗生素药物、疫苗制剂、基因工程药物，以及各种保健品等。这些微生物制品，不仅保障了人类的基本健康，更保障了人类得以享有高品质和健康长寿的生活。

尽管疾病终究无法被彻底消灭，但人类必须始终保持信心、不断朝前努力，确保医药产业的持续发展，否则，从新兴疾病流行的速度来看，人类恐怕难以匹敌。微生物制药在医药产业的发展中一直发挥着巨大推动作用，人类应当充分发挥微生物得天独厚的优势，将医药微生物资源不断开发并应用于医药产业，那么，战胜艾滋病、癌症、糖尿病、"超级细菌"感染等超级病魔终究不是梦。

一、微生物制药的概念及发展

微生物制药，是利用微生物技术和高度工程化的新型综合技术，通过微生物在生物反应器内的生长及代谢来产生有用产物，并将产物进行分离、纯化和精制，最终制成医药保健产品的一种制药方法。

自从 1796 年人类第一次成功使用疫苗，再到 1940 年第一次成功地通过微生物制备出纯净的青霉素，在此后的 70 多年里，微生物制药一直保持着高速发展。尤其是抗生素药物的研究和开发，始终都是微生物制药领域最活跃的部分。

从 1874 年 W. Roberts 报道微生物能对周围其他生物产生拮抗作用以来，1928 年发现了青霉素，1940 年发现了放线菌素，1943 年发现了链霉素，1947～1950 年间又陆续发现了氯霉素、金霉素和土霉素，1952～1957 年间还发现了红霉素、吉他霉素和卡那霉素。截止到 1959 年底，已发现和应用化的抗生素分别达到 1000 多种和 40 余种。这些抗生素的发现和应用，有效地治疗了许多从前难以被治愈的细菌感染，保障了人们的健康，促进了人类的长寿。

进入 1960 年以后，半合成抗生素又获得了迅猛的发展，这使得抗生素的治疗效果和临床使用范围进一步得到提升。如今，已发现的、半合成或合成的抗生素已达两万余种，而临床使用的也有数百种。

在很长一段时间内，抗生素生产几乎就是微生物制药的代名词。然而，随着微生物学、发酵工程学、生物工程学等的发展，人们逐步认识到微生物在医药领域的潜能还远远未被释放。

近年来，除了抗生素外，医用酶制剂、各种新型疫苗、微生物多糖、甾体激素、医用氨基酸，以及保健用途的益生素、维生素、多不饱和脂肪酸等，都在微生物制药技术的发展下获得了大量生产与广泛应用。并且，随着基因工程技术的不断发展，许多外源性基因产物也都能利用微生物进行生产，并制成基因工程药物。

目前，微生物制药已在世界医疗卫生领域取得了卓越的成绩。未来，其凭借产品种类多、产量大、产品纯度高、生产周期短、不易受环境和土地制约、原料来源广、生产无污染、易于控制、菌种易于人工育种和基因改造等诸多优势，还将继续获得飞速发展，并为推动医药产业的持续发展、保障人类健康贡献巨大力量。

二、微生物医药制品及其种类

微生物医药制品，泛指通过微生物制药生产出的或以微生物为基础所开发的医疗保健用品的总称。其主要包括抗生素、疫苗、医用酶制剂、基因工程药物、甾体激素、发酵中药、微生物多糖、益生素、多不饱和脂肪酸、医用氨基酸和维生素等（表 6-1）。

表 6-1 常见的微生物医药制品

制品	主要生产菌	举例	主要作用原理及用途
抗生素	主要为各类放线菌（尤其是链霉菌），亦有真菌和细菌	青霉素、链霉素、庆大霉素、头孢菌素、多黏菌素、万古霉素等	干扰微生物代谢、破坏微生物细胞成分等（防治细菌感染，也可防治其他微生物感染或抗癌等）
疫苗	各类病原体，基因工程菌	各类弱毒活疫苗、死疫苗、类毒素、基因工程疫苗、DNA 疫苗等	诱导机体产生免疫应答等（预防各类病原体的感染，艾滋病、癌症的治疗等）
医用酶制剂	各类微生物，基因工程菌	链激酶、尿激酶、透明质酸酶，葡萄糖脑苷脂酶，β-酪氨酸酶、溶菌酶，各种消化酶、抗氧化酶、抗癌酶等	酶的生物学催化作用（治疗心脑血管疾病、帕金森症、高歇氏病、各种感染、抗癌等）
基因工程药物	基因工程菌，哺乳动物细胞	细胞因子药物、蛋白质类激素、医用酶制剂，DNA 药物、反义 RNA 药物等	调节免疫、调节代谢、调节生理机能、纠正突变基因等（治疗糖尿病、心血管疾病、类风湿性关节炎、病毒性感染，抗肿瘤等）
甾体激素	霉菌	性激素、孕激素、皮质激素等	调节代谢、调节生理机能等（治疗风湿病、心脑血管疾病、皮肤病、内分泌失调、老年性疾病，抗肿瘤等）
发酵中药	多种微生物	六神曲、淡豆豉、半夏曲等	调节代谢、调节生理机能（健脾和胃、消食调中；除烦、宣郁、解毒；化痰止咳、消食宽中等）
微生物多糖	细菌、真菌、蓝细菌等	结冷胶、黄原胶、葡聚糖、海藻糖等；食用菌多糖等	多种作用机制（医疗保健品生产；提高免疫力、抑制肿瘤、抗菌、抗病毒、调节血脂、抗氧化等）
益生素	乳酸菌、芽孢杆菌、酵母菌等	乳杆菌制剂、双歧杆菌制剂、芽孢杆菌制剂、酵母菌制剂等	向宿主提供营养、分泌促消化物质与抗菌物质、占位排斥作用、排出毒素等（医疗保健品生产；调理肠道菌群平衡、提高免疫力、促进消化吸收等）

制品	主要生产菌	举例	主要作用原理及用途
多不饱和脂肪酸	海洋蓝细菌、藻类、食用菌等	亚油酸、α-亚麻酸、花生四烯酸、二十碳五烯酸、二十二碳六烯酸等	保持细胞膜功能正常、降低血液胆固醇、增强脑细胞活性等（医疗保健品生产；提高免疫力、抗心脑血管疾病、抗癌、抗氧化、抗炎症，促进大脑发育等）
医用氨基酸	多种微生物	谷氨酸、赖氨酸、苏氨酸、蛋氨酸、异亮氨酸等	供给营养、调节代谢等（医疗营养液；治疗脂肪肝、治疗记忆障碍、纠正血浆氨基酸失衡、调节胃液酸度等）
维生素	多种微生物	维生素 C、维生素 B_2、微生物 B_{12}、β-胡萝卜素等	调节代谢（医疗保健品生产）

需要注意的是，尽管抗生素历来都是微生物医药制品的重要组成部分，但近年来，非抗生素类微生物医药制品的种类和数量也在不断上升，这也使得医药微生物资源的应用范围和前景更加广阔。

第二节　抗生素的开发与利用

抗生素，狭义上是指在低剂量下就可选择性抑制或杀灭其他病原菌的一类微生物次生代谢产物。而广义上的抗生素，则不仅包括了微生物产生的，还包括了一些植物、动物产生的，以及由人工合成或半合成的具有抑制或杀灭病原菌、病毒、癌细胞等的一大类化学治疗剂。

抗生素在医药领域有着重要应用，其也被誉为 20 世纪最伟大的发现之一。目前，已发现的、半合成或合成的抗生素已达两万余种，而临床使用的也有数百种。这些抗生素不仅对人类防治细菌感染做出了巨大的贡献，也在抗癌、促进动物生长、防治农作物病害等方面发挥着积极作用。

一、抗生素的种类

（一）抗细菌抗生素

抗细菌抗生素是抗生素的典型代表，其作用机理不一，具有抑制细菌生长或杀灭细菌的作用。这类抗生素有很多种代表结构，同时，药物化学工作者又在代表结构上做了很多结构改造工作。获得了相当多的具有母核结构的同类物质。例如，在青霉素类的抗生素中，仅有青霉素 G 是由微生物发酵直接生产的。代表性的抗生素有 β-内酰胺类、大环内酯类、氨基糖苷类、四环素类和氯霉素类。

1. β-内酯胺类抗生素

β-内酰胺类抗生素的特征是化学结构中存在着 β-内酰胺结构，与细菌青霉素结合蛋白结合，抑制细菌交联形成肽聚糖的反应，从而抑制细胞壁的形成，使细胞壁缺损，菌体膨胀裂解。该类抗生素杀菌活性强、毒性低、抗菌谱广，在化学结构上存在着可以修饰的侧链。青霉素类与头孢菌素类是临床上最常使用的 β-内酰胺类抗生素。近年来还发展了头孢霉素类、甲矾霉素类、单环 β-内酰胺类等非典型的 β-内酰胺类抗生素。根据结构的不同，该类抗生素又分为青霉素类、头孢菌素类、青霉烯类、单环 β-内酰胺类等几大类。其中头孢类抗生素经过半合成研究的发展，已经由第一代发展到第四代，是临床上感染治疗的一线药物。细菌、真菌和放线菌均可以产生 β-内酰胺类抗生素。

2. 氨基糖苷类抗生素

氨基糖苷类抗生素的产生菌主要是链霉菌，一些小单孢菌和细菌也能够产生此类抗生素。氨基糖苷类抗生素的代表是链霉素，后者也是从放线菌中发现的第一个应用于临床的抗生素，对于肺结核等感染治疗取得了显著的效果。临床上使用的天然氨基糖苷类的抗生素有很多。其结构特征是氨基环醇、氨基糖和糖通过苷键相连（图 6-1）。

3. 四环素类抗生素

四环素类的抗生素因其氢化并四苯母核而得名（图 6-2）。本类药物抗菌谱广，对革兰阴性菌、革兰阳性菌、螺旋体、衣原体、立克次氏体、支原体、放线菌和阿米巴原虫都有较强的作用。但近年来，其应用受到耐药的影响。天然的四环素类临床药物有四环素、金霉素、土霉素和地美霉素，其他天然的四环素类抗生素物质还有基柱霉素 A、塞托环素、大器霉素等。四环素类抗生素的产生菌主要为链霉菌，其他如马杜拉放线菌、诺卡氏菌与指孢囊菌属也能产生四环素类化合物。

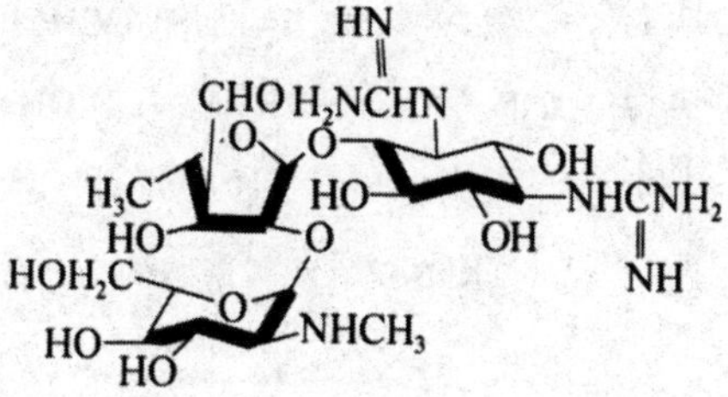

链霉素

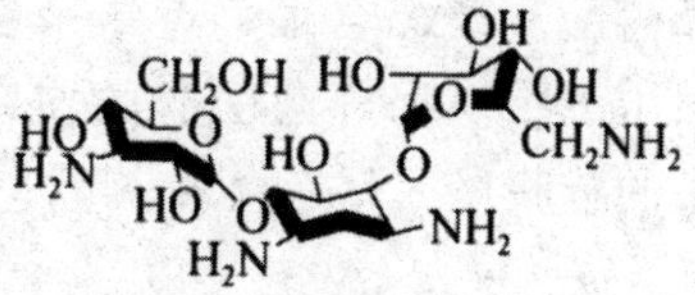

卡那霉素A

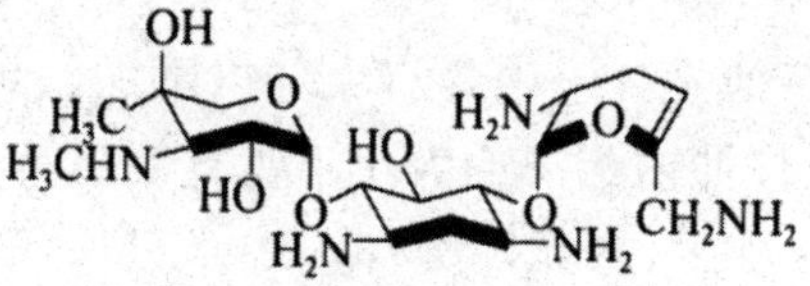

西索霉素

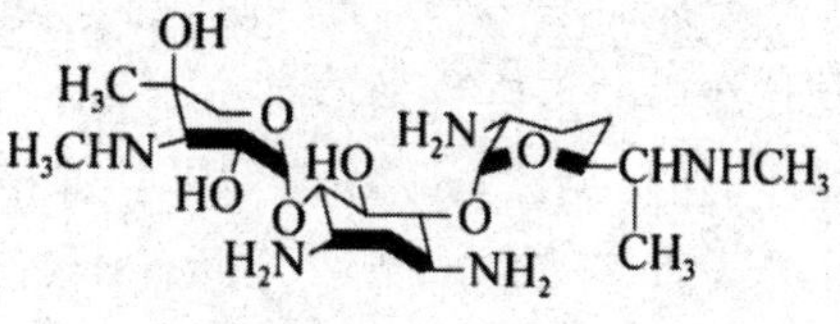

庆大霉素C₁

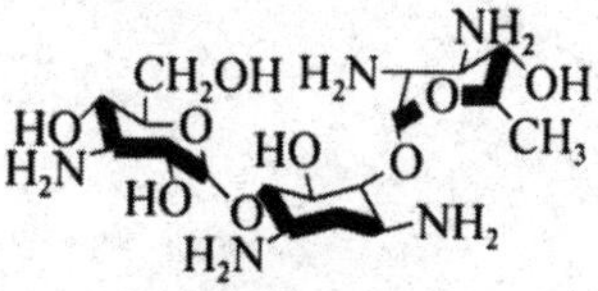

妥布霉素

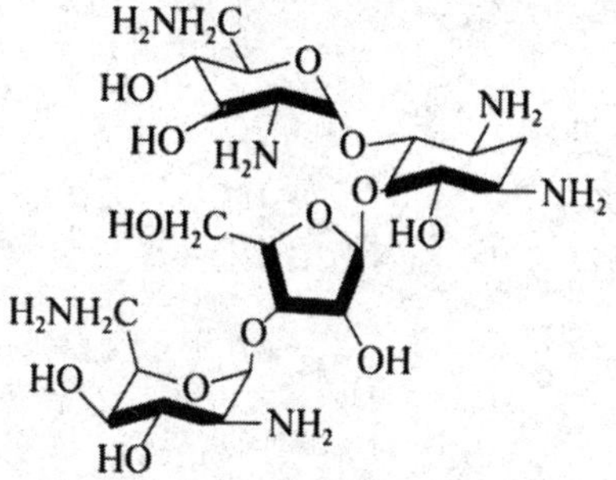

新霉素B

图6-1　临床使用的天然氨基糖苷类抗生素药物及其产生菌

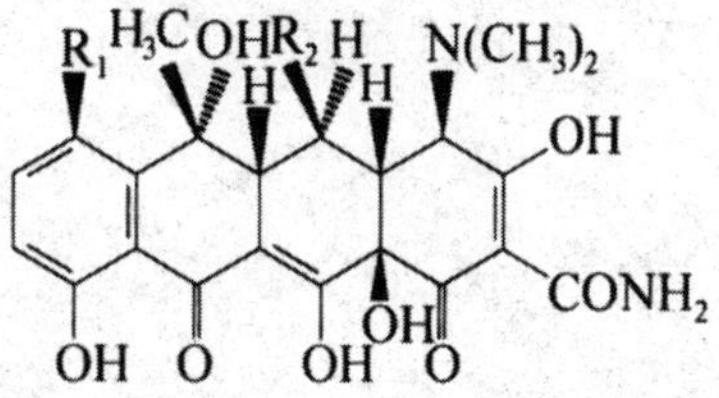

四环素：　R₁=R₂=H

金霉素（7-氯四环素）：R₁=Cl,R₂=H

土霉素（5-羟基四环素）：R₁=H,R₂=OH

图6-2　四环素类抗生素代表结构式

4. 氯霉素类抗生素

氯霉素发现于1947年，产生菌为委内瑞拉链霉菌，其结构分子中有两个不对称碳（图6-3），有4种异构体，其中两个 erythro 异构体无活性，而 L-（+）-threo 体的抗菌活性不到天然 D-（-）-thro 体的5‰。氯霉素曾广泛用于治疗各种敏感菌感染，后发现其对造血系统有严重的不良反应，能造成骨髓再生障碍、灰婴综合征。近年来在临床使用上仅限于敏感伤寒杆菌引起的伤寒及对青霉素过敏的脑膜炎的重症患者。

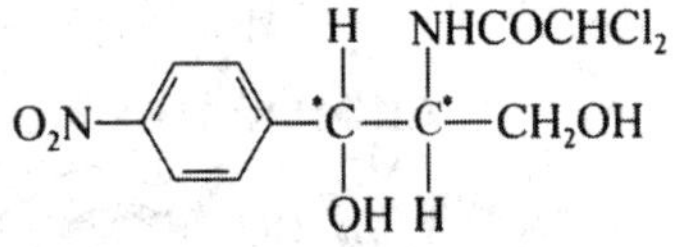

图6-3　氯霉素结构

*表示不对称碳

5. 大环内酯类抗生素

　　大环内酯类抗生素的代表药物为红霉素及其众多的衍生物。该类抗生素的结构特征是分子中含有大环内酯的结构，酯环上的—OH与一些糖类以苷键相连。按照内酯环的大小，将这类抗生素又分为十二元环、十四元环、十六元环……六十元环大环内酯。目前已经发现了多种天然的大环内酯抗生素，但临床应用的仅有6种（图6-4），即十四元环的红霉素、竹桃霉素和十六元环的吉他霉素、交沙霉素、麦迪霉

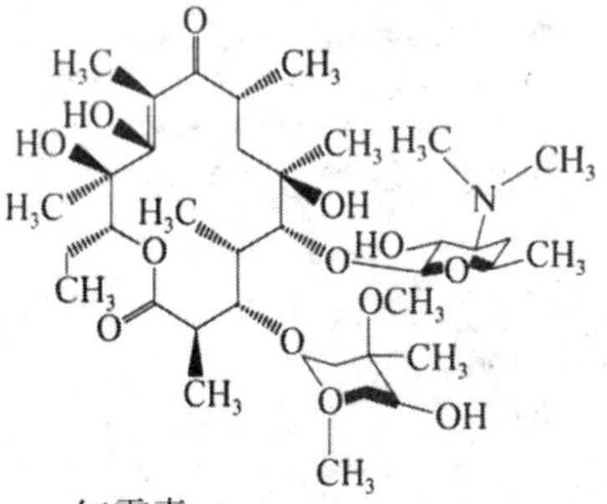

红霉素, *Streptomyces erythraeus*

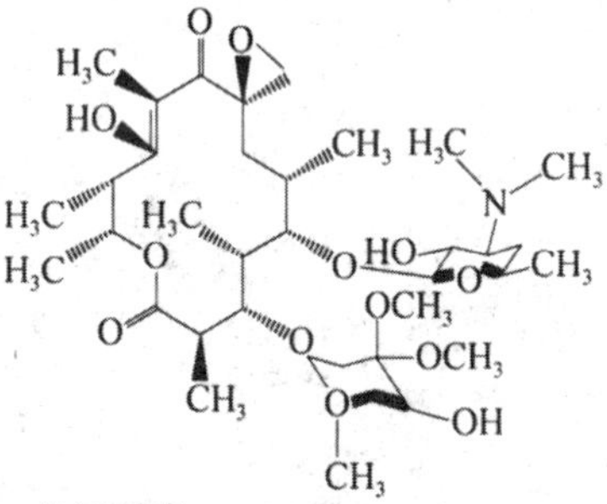

竹桃霉素, *Streptomyces antibioyicus*

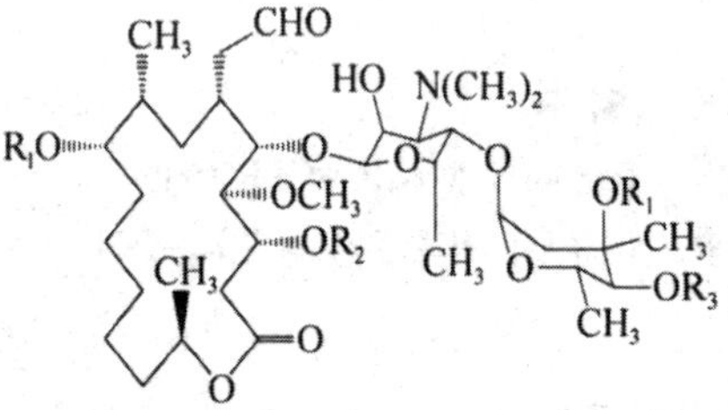

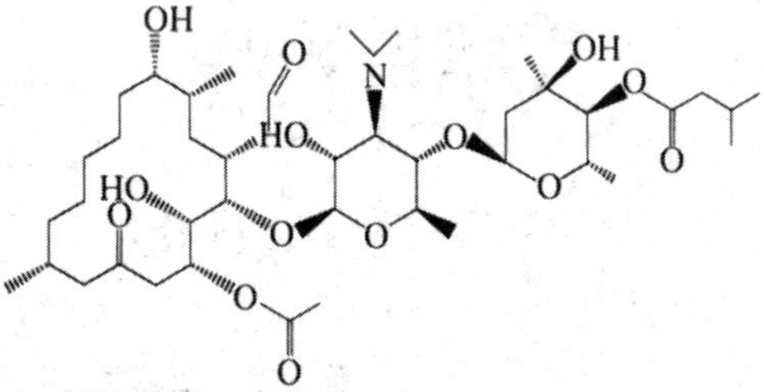

吉他霉素　A_1 $R_1=R_2=H,R_3=$—$COCH_2CH(CH_3)_2$,
Streptomyces kitasatoensis
麦迪霉素A_1 $R_1=H,R_2=R_3=$—$COCH_3$,
Streptomyces mycarofaciens
螺旋霉素I,$R_1=(H_3C)_2N$　　O　　,$R_2=R_3=H$

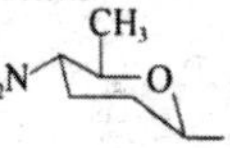

交沙霉素, *Streptomycesnarboensis* subsp. *josymyceticus*

图6-4　临床使用的天然大环内酯抗生素及产生菌

素、螺旋霉素。这类抗生素主要用于抗革兰阳性细菌、军团菌、弯曲杆菌、支原体、衣原体和某些厌氧菌的感染。

6. 肽类抗生素

肽类抗生素是一类以氨基酸为主要结构单元，以肽键相连的抗生素。除常见的氨基酸外，还有一些少见的氨基酸，如 D-氨基酸、β-氨基酸、N-甲基氨基酸以及其他特异性氨基酸，有些肽类还含有脂肪酸、芳香酸、羟基酸、糖、胺、杂环等结构单元。因此，肽类抗生素按构成与形态分为 7 小类：糖肽、酯肽、含内酯环的肽、环状肽、线状肽、环状线状肽和高分子肽。肽类抗生素的产生菌有链霉菌、拟无枝酸菌、游动放线菌、诺卡氏菌等放线菌和细菌及真菌等。该类抗生素具有多种功能，临床上应用于抗细菌感染治疗的天然肽类抗生素有多种，代表性的天然抗生素有万古霉素、去甲万古霉素、替考拉宁、达托霉素等（图 6-5）。万古霉素及去甲万古霉素主要用于抗革兰阳性菌感染的重症治疗及多耐抗生素细菌的严重临床感染。

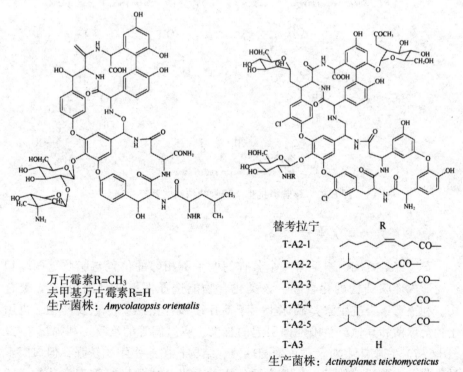

万古霉素R=CH₃
去甲基万古霉素R=H
生产菌株：*Amycolatopsis orientalis*

替考拉宁 R
T-A2-1
T-A2-2
T-A2-3
T-A2-4
T-A2-5
T-A3 H
生产菌株：*Actinoplanes teichomyceticus*

图 6-5 万古霉素、去甲万古霉素、替考拉宁的结构及产生菌

7. 核苷类抗生素

核苷类抗生素是天然产生的一类重要的抗生素，产生菌多为放线菌，也有细菌、霉菌、担子菌等。这类抗生素的抗菌谱比较狭窄，但活性广泛，除抗细菌外，对真菌、肿瘤、病毒及寄生虫也具有活性。新生霉素、氯新生霉素、香豆霉素 A（图 6-6）等作用于 DNA 促旋酶，抑制 DNA 的复制，主要用于革兰阳性菌的感染治疗。

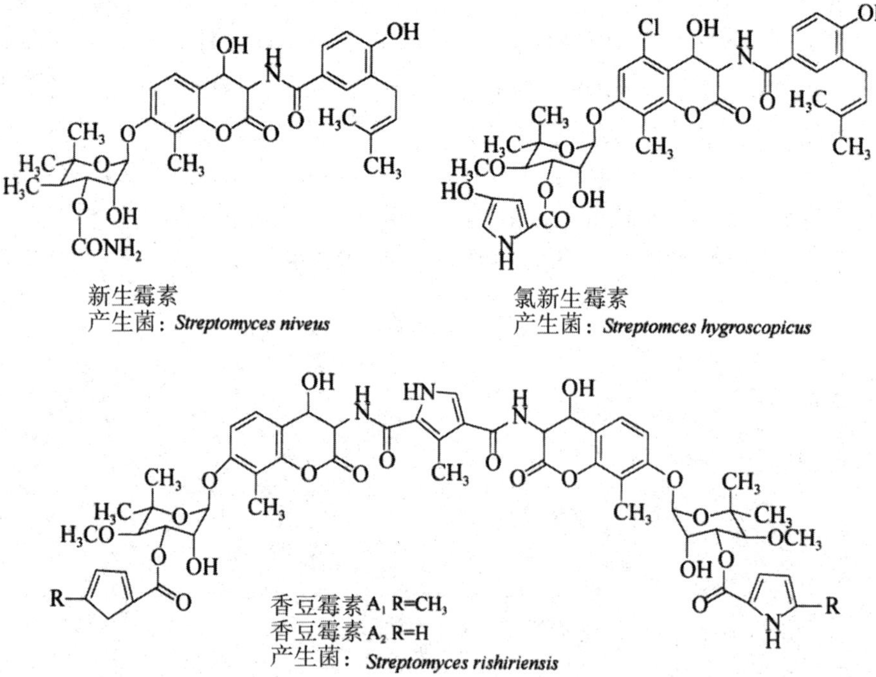

新生霉素
产生菌：*Streptomyces niveus*

氯新生霉素
产生菌：*Streptomces hygroscopicus*

香豆霉素 A₁ R=CH₃
香豆霉素 A₂ R=H
产生菌：*Streptomyces rishiriensis*

图 6-6 核苷类抗生素药物的结构式及产生菌

8. 安莎霉素类抗生素

安莎霉素类抗生素是由一个芳香的两个不相邻的位置与脂肪链两端相连而形成环状结构的化合物。该类化合物能选择性地抑制细菌 RNA 聚合酶。利福霉素类抗生素是临床上用于治疗结核杆菌感染的重要药物，也用于葡萄球菌和其他革兰阳性菌引起的感染、麻风病等的治疗。利福霉素 SV（图 6-7）在临床上对金黄色葡萄球菌、结构杆菌的作用比较强，但口服不易吸收，需要注射给药。目前主要使用的是半合成的利福霉素类药物，如利福平、利福定、利福喷汀等。产生该类抗生素的菌有链霉菌、诺卡氏菌、小单胞菌等。

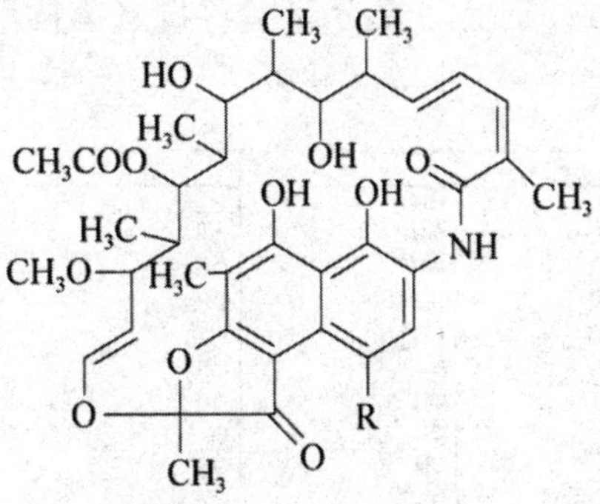

利福霉素B
利福霉素SV
产生菌：*Nocardia mediterranei*

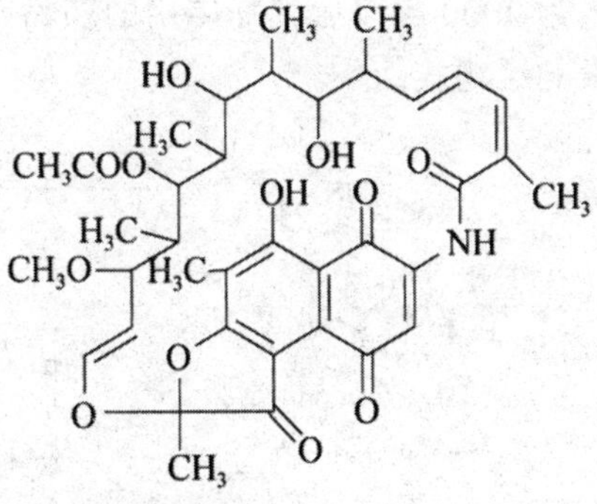

利福霉素S
产生菌：*Nocardia mediterranei*

图6-7　临床使用的安莎霉素类抗生素的结构式与产生菌

（二）抗真菌抗生素

随着临床应用抗生素的增加及艾滋病、器官移植病例的增多，真菌感染率在临床，尤其是重症患者中呈明显上升的趋势，因此，抗真菌抗生素的需要也大大增加。相对于抗细菌抗生素药物而言，临床上可以选择的抗真菌药物尚显不足，主要有多烯类、三唑类、嘧啶类和棘白菌素类，天然来源的抗真菌抗生素药物更是少之又少。同时，已有的抗真菌抗生素在临床上的使用也逐渐产生了耐药菌，感染的菌种也在发生着变化，非白色念珠菌呈上升趋势，念珠菌血症和系统性曲霉病等系统性真菌感染也在增加，控制真菌感染也更加困难。因此，研究开发新的抗真菌抗生素药物一直是微生物药物研究的重点之一。

制霉菌素是一种广谱抗真菌药物，对新型隐球菌、念珠菌属、曲霉等深部真菌感染无治疗作用，仅限于局部治疗口咽部、胃肠道及阴道真菌感染。灰黄霉素因其化学结构类似于鸟嘌呤，可干扰真菌的核酸合成，是早期的抗真菌药物，主要用于皮肤真菌感染。两性霉素 B 抗真菌活性强且抗菌谱宽，对深部真菌感染有强大的抑制作用。与制霉菌素类似，肾脏副作用大，因此使用范围受到了很大的限制。针对两性霉素 B 的副作用及使用限制，药学工作者开展了药物修饰、改变剂型等多种研究工作，其中两性霉素 B 吸入粉末在动物实验中以大剂量释放到动物肺部而没有引起系统的毒性和副作用，于 2006 年 5 月获得美国 FDA 的快速通道批准。棘白菌素类的天然抗生素存在着较大的毒性，无法直接应用于临床；临床上使用的棘白霉素类的抗生素主要为半合成的抗生素。例如，阿尼芬净、卡帕芬净等均为 2000 年以后批准使用的药物。如图 6-8 所示，展示了一些抗真菌抗生素的结构式。

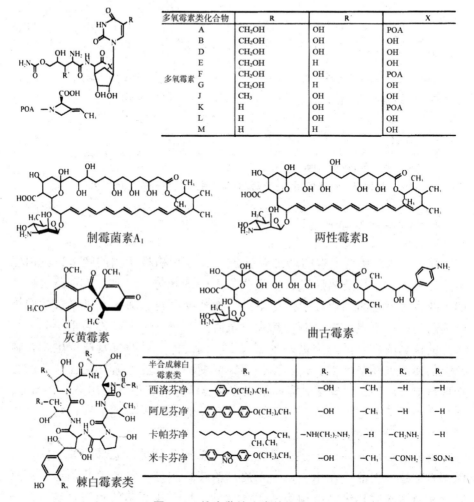

多氧霉素类化合物		R	R'	X
	A	CH$_2$OH	OH	POA
	B	CH$_2$OH	OH	OH
	D	CH$_2$OH	OH	OH
	E	CH$_2$OH	H	OH
多氧霉素	F	CH$_2$OH	OH	POA
	G	CH$_2$OH	H	OH
	J	CH$_3$	OH	OH
	K	H	OH	POA
	L	H	OH	OH
	M	H	H	OH

制霉菌素A$_1$

两性霉素B

灰黄霉素

曲古霉素

半合成棘白霉素类	R$_1$	R$_2$	R$_3$	R$_4$	R$_5$
西洛芬净	⬡O(CH$_2$)$_4$CH$_3$	—OH	—CH$_3$	—H	—H
阿尼芬净	⬡⬡⬡O(CH$_2$)$_4$CH$_3$	—OH	—CH$_3$	—H	—H
卡帕芬净	CH$_3$...CH$_3$	—NH(CH$_2$)$_2$NH$_2$	—H	—CH$_2$NH$_2$	—H
米卡芬净	⬡NO⬡O(CH$_2$)$_5$CH$_3$	—OH	—CH$_3$	—CONH$_2$	—SO$_3$Na

棘白霉素类

图 6-8　抗真菌抗生素的结构式

（三）抗肿瘤抗生素

抗肿瘤抗生素是临床上使用的重要化学治疗药物（图 6-9，图 6-10），道诺霉素、阿霉素、阿克拉霉素、洋红霉素等蒽环类抗生素主要用于急性白血病、淋巴瘤及各种实体癌的治疗。蒽环类抗肿瘤抗生素的产生菌有链霉菌、马杜拉放线菌和孢囊放线菌。丝裂霉素 C 的抗菌谱广，用于食道癌、

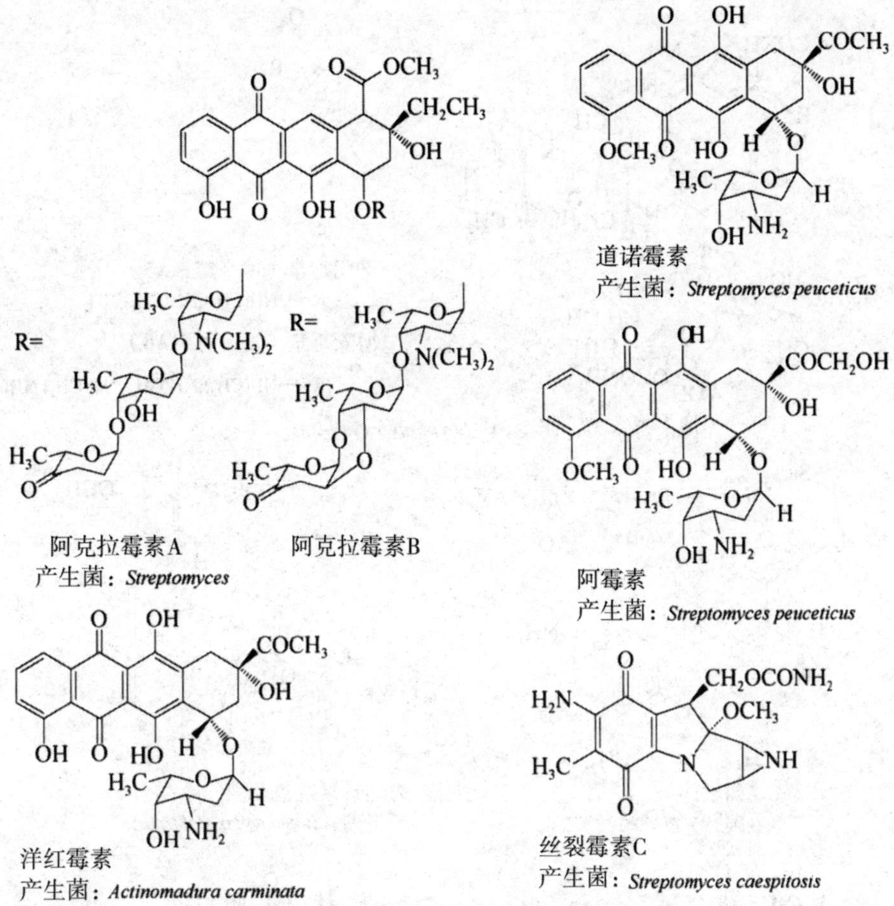

图 6-9 抗肿瘤抗生素的结构式与产生菌

非小细胞型肺癌、表皮膀胱癌及各种白血病的治疗。博来霉素是由轮枝链霉菌 *Streptomyces verticillus* 产生的一类多组分糖肽类抗生素，其中博来霉素 A5 和 A6 是由我国研究开发的抗肿瘤药物，分别被称为平阳霉素和博安霉素。博来霉素选择性地抑制 DNA 合成，临床上用于头颈部鳞癌、淋巴瘤、乳腺癌、食道癌等的治疗。*Streptomyces griseus* 产生的色霉素 A3 临床上用于恶性淋巴瘤、肺癌、乳腺癌等的化学治疗。放线菌素 D 是第一个被用于临床治疗肿瘤的抗生素，其结构中含有五肽环，通过与 DNA 双链的紧密结合，干扰 DNA 的复制和转录。放线菌素 D 可治疗肾母细胞瘤、神经母细胞瘤、霍奇金病等，不良反应为骨髓抑制。力达霉素是我国科学家从放线菌 *Streptomyces globisporus* 的代谢产物中筛选得到的烯二炔类抗生素，含有一个蛋白质，具有高抗肿瘤活性；目前正在进行临床实验研究。烯二炔类抗生

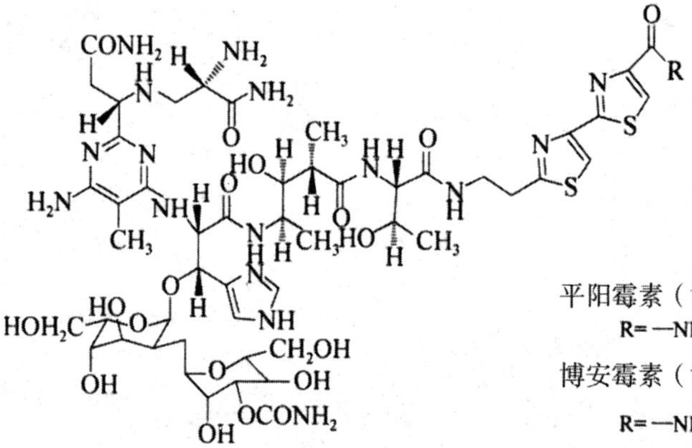

平阳霉素（博来霉素A5）：
R= —NH(CH₂)₃NH(CH₂)₄NH₂

博安霉素（博来霉素A6）：
R= —NH(CH₂)₃NH(CH₂)₄NH(CH₂)₃NH₂

博来霉素类，产生菌：*Streptomyces vert.........*

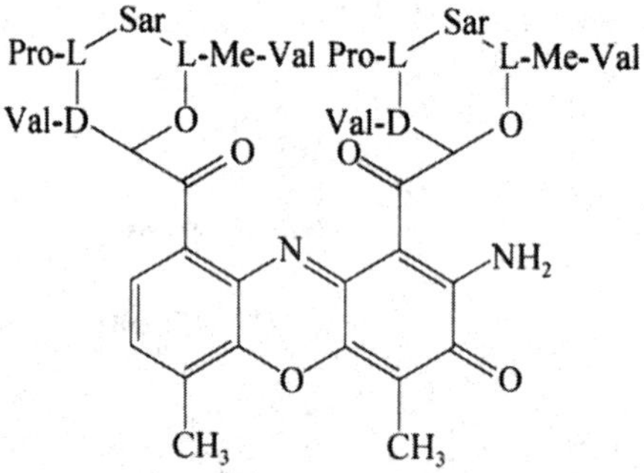

放线菌素D
产生菌：*Streptomyces*

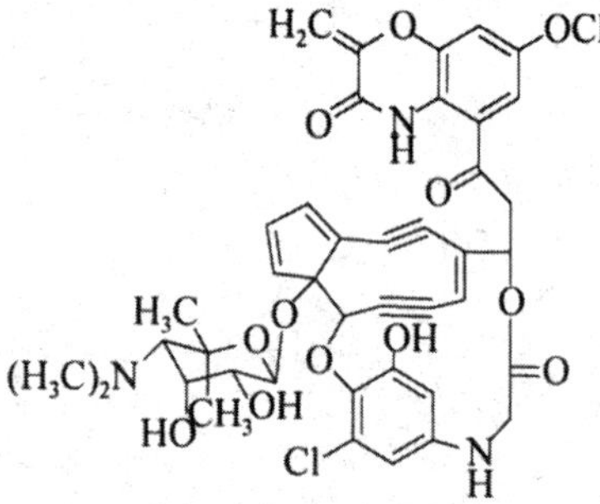

力达霉素发色基因
产生菌：*Streptomyces globisporus*

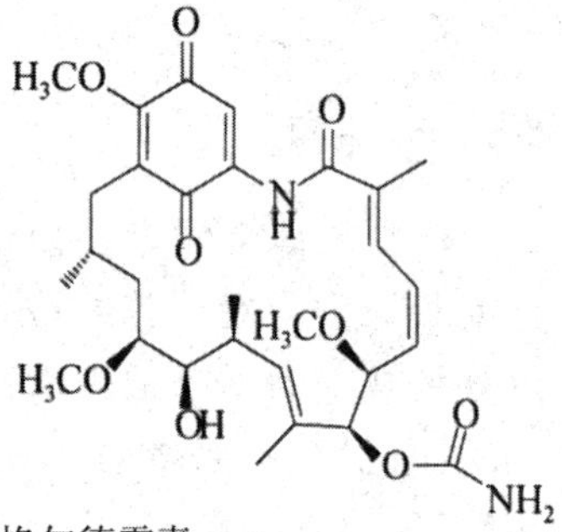

格尔德霉素
产生菌：*Streptomyces hygroscopicus*

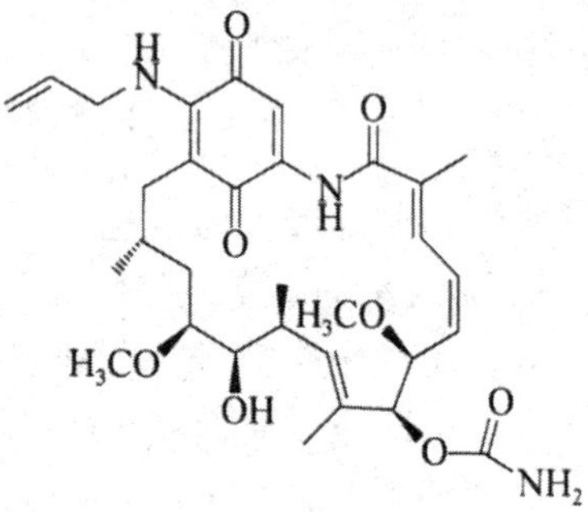

17-烯丙基格尔德霉素（半合成）

图6-10　抗肿瘤抗生素的结构式与产生菌

素是目前抗癌作用最强的一类抗生素。格尔德霉素能够特异性抑制热休克蛋白90（Hsp90）的 ATP/ADP 结构域，下调多种热休克蛋白90的靶蛋白功能。格尔德霉素的毒性很强，临床上尚不能使用，衍生物17-烯丙基氨基格尔德霉素目前正在进行Ⅲ期临床实验。

（四）免疫抑制作用的抗生素

　　临床上免疫排异作用是器官移植病例的一个重要问题，因此抗排异作用的药物是研究工作的一个重点。目前临床上使用的免疫抑制作用的抗生素主要是环孢菌素和他卡莫斯（图 6-11）。近年来还研究发现了西罗莫司、

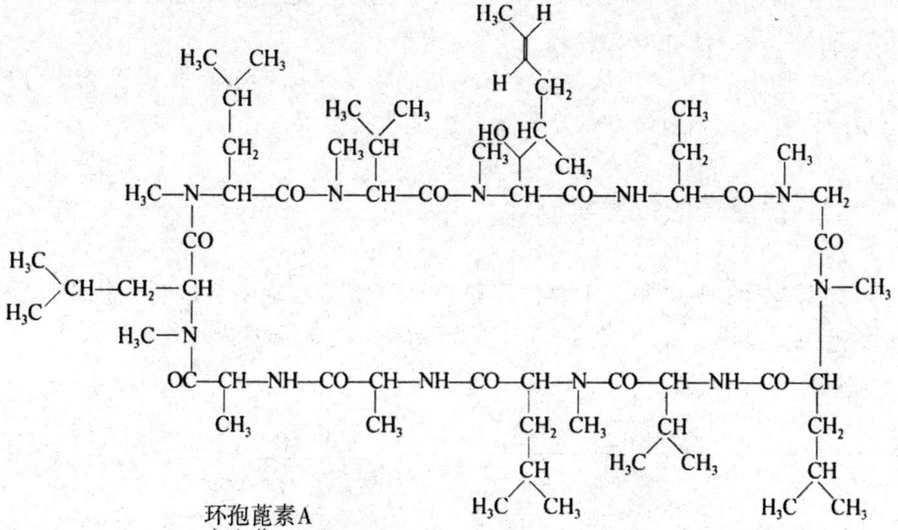

环孢菌素A
产生菌：*Cylindrocapon lucidum,Beauveria bassiana,Fusarium solani*

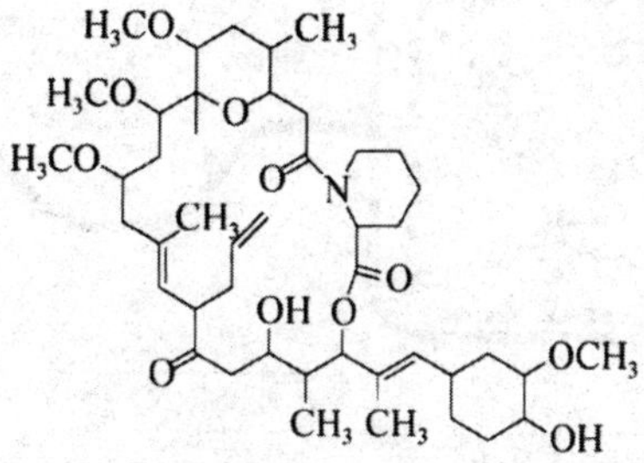

他卡莫斯
产生菌：*Streptomyces tsukubaensis*

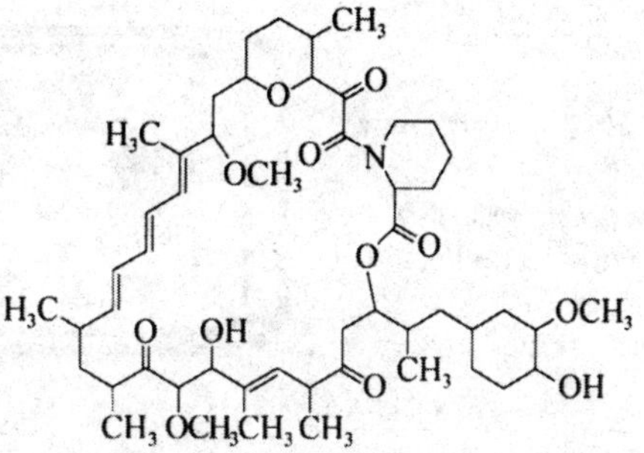

西罗莫司
产生菌：*Streptomyces hygroscopicus*

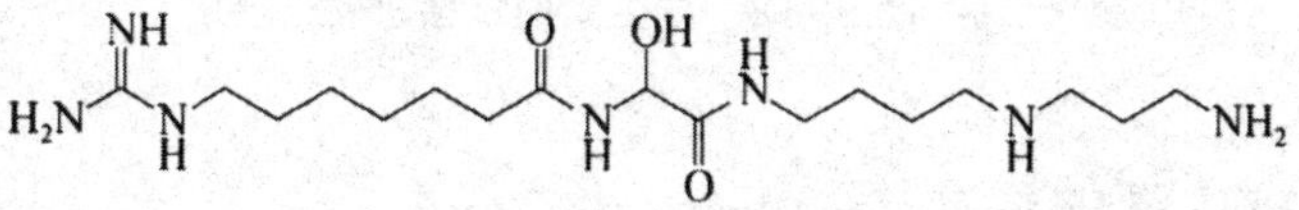

脱氧精胍菌素
产生菌：*Bacillus lacterosporus*

图 6-11　免疫抑制作用的抗生素及产生菌

脱氧精胍菌素等免疫抑制剂，并完成了临床评价的工作。

环孢菌素最早发现于 1969 年，具有窄谱的抗真菌活性，产生菌为真菌光泽柱孢菌和雪白白僵菌。1976 年首次报道了其免疫抑制活性，1983 开始用于临床器官移植使用。我国则于 1983 年发现了另一高产菌株镰刀菌 4-11。环孢菌素临床上应用已达 25 年之久，器官移植存活最长也达 25 年，其主要特点是能选择性地作用于 T 细胞，作用于细胞周期的 $G_0 \sim G_1$ 期的界面，阻止细胞进入 G_1 期，抑制其增殖和分化。环孢菌素 A 是由 11 种氨基酸组成的中性亲脂性环肽，含有多个 N-甲基。

他卡莫斯是 1984 年从放线菌 *Streptomyces tsukubaensis* 的发酵产物中分离出来的含有 L 型六氢吡啶的全新大环内酯类抗生素。

二、抗生素的抗菌机制

抗生素的抗菌机制，主要作用是抑制细菌的细胞壁合成、干扰细胞膜、抑制蛋白质合成、抑制核酸合成、抑制 DNA 复制和抑制 RNA 转录等（图6-12）。

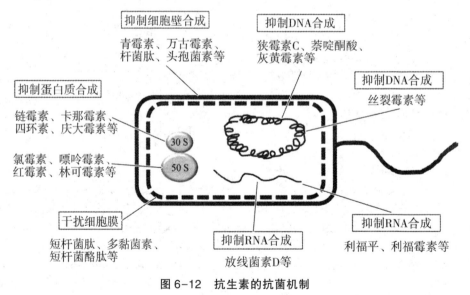

图 6-12　抗生素的抗菌机制

三、抗生素的生产

青霉素的成功，也许不仅仅在于挽救了无数生命，它还掀起了第二次发酵技术革命。

由于第二次世界大战时期迫切需要大规模地生产青霉素，而传统的固态表面法发酵，根本无法保障青霉素的有效供应，故在各方的努力下，液态深层通气搅拌发酵技术终于在1943年问世，这使得青霉素的产量和质量均大幅度提高。而这一技术，也被其他许多发酵所采用，发酵工业自1863年开启的纯培养发酵技术时代，正式步入了通气搅拌发酵技术时代。

如今，发酵工业在经历了"代谢控制发酵技术时期"和"基因工程技术时期"后，抗生素的发酵工艺已经日臻完善，许多抗生素的生产规模也越来越大，单罐发酵体积一般可达10万升，甚至更大。

下面以常见的放线菌或霉菌的抗生素发酵为例，介绍抗生素的生产过程（图6-13）。

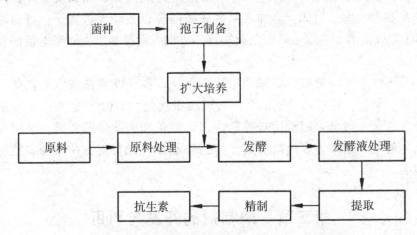

图6-13　放线菌或霉菌的抗生素发酵生产过程

在抗生素生产中，一般需大量健壮的菌丝体用于发酵，故必须先制备大量孢子来实现菌丝体的扩大培养。孢子制备，是将菌种接种于固态培养基上（一般使用茄子瓶固体培养基），经过5～7d或7d以上的培养后收获大量孢子。而在进行扩大培养时，可将上述制备好的孢子接入种子罐内进行2～3级的扩大培养，以收获大量健壮的菌丝体。

发酵的培养基，可选用大量廉价的农副产品，但在发酵前期，一般应补充一定量的速效碳源（葡萄糖），以利于菌丝的生长。而在发酵中后期，还应适当加入前体物质（大多数抗生素的发酵都需要加入前体物质），"绕过"微生物自身的反馈阻遏，使微生物直接利用这些化合物来合成抗生素，从而有利于产量的大幅度提升。如在青霉素发酵中，常加入苯乙酸及其衍生物；而在链霉素发酵中，则可加入葡萄糖胺或精氨酸作为前体物质。

关于发酵控制，主要是做好温度、pH 值、溶解氧和泡沫等的控制。温度的控制应采用变温控制，一般抗生素的发酵温度大都是"前高后低"。前期温度稍高，以利于菌丝体的快速生长；后期稍低，以控制代谢速率，有利于延长产物的合成期、提高产物的积累量。而 pH 值的控制，则需注意产物的稳定性。例如青霉素在碱性条件下易水解，应避免 pH 值超过 7。另一方面，由于抗生素发酵是好氧发酵，故应保障溶解氧的供应。此外，还应加入消泡剂以控制泡沫。

发酵结束后，由于绝大多数种类的抗生素均存在于发酵液中，故可采用真空过滤机过滤、除渣离心机离心或倾析器处理等方法来去除菌体和杂质，同时收集发酵液。

在提取抗生素前，一般需先对发酵液进行适当处理和杂质去除，以利于提高提取效率。例如，可加入草酸或磷酸等以去除无机离子；可通过调节 pH 值或适当加热以去除蛋白杂质；还可加入絮凝剂以去除带电荷的胶体粒子。

关于抗生素的提取，可采用溶媒萃取法、离子交换法或沉淀法等，而抗生素的精制，应按照《药品生产管理质量规范》（GMP）的要求而采取合理的方法。一般可采用活性炭吸附法进行脱色和去除热源物质；采用变温结晶、等电点结晶、成盐剂结晶、"溶解-析出"结晶等方法来制备抗生素高纯品。

第三节　酶制剂的开发与利用

一、微生物酶制剂

微生物酶制剂，是将来源于普通微生物或基因工程菌的酶，经过提纯、加工后所制成的具有催化功能的一类微生物制品。

实际上，最初的酶制剂，并不是用微生物进行生产，而是以动植物为原料进行提取法生产，如从牛胃中提取凝乳酶、胰脏中提取胰酶、血液中提取凝血酶或从木瓜中提取木瓜蛋白酶等。显然，这种方法不仅成本高、产量少、生产周期长、纯度和活性得不到保障，并且原料的利用率极为低下，常造成大量动植物活体的浪费。此外，由于动植物代谢类型和方式都比较单一，所产酶的种类不丰富，难以满足各行各业对酶功能性的要求。

因此，在很长的一段时期内，酶制剂的研究和开发进展极为缓慢。

直到 1894 年，日本的高峰让吉博士成功利用米曲霉生产出淀粉酶，大大推动了酶制剂的发展。此后，酶制剂的研究和开发工作进展迅速，并且，人们越来越认识到微生物酶制剂及其发酵法生产的诸多优势。

微生物酶制剂的优点如下：

（1）种类和功能多样。由于微生物的代谢类型和方式非常多样，因此，酶的种类和功能也非常多样。许多酶，甚至被微生物所"垄断"，如分解纤维素、木质素、石油、天然气以及许多难降解化合物等的酶。而随着基因工程技术的发展，微生物还能生产许多源于其他生物的酶。

（2）价格便宜，质量好。利用微生物发酵法生产，由于具有生产效率高、生产周期短、原料廉价等优势，故生产成本低，产品便宜；此外，纯培养液态发酵和发酵工程技术的应用，使得酶制剂的纯度和活力都得到了极大的保障。

（3）环境耐受能力强。微生物的环境适应能力很强，故它们的酶也具有较强的环境耐受能力。而许多嗜极微生物所产的嗜极酶，更是在各种极端环境下仍能保持较高的活力。

目前，许多微生物酶制剂都已被广泛应用于各行各业（表 6-2），甚至在许多领域，离开了酶制剂几乎"寸步难行"。随着社会的进一步发展，在人类追求高品质生活的要求下，在加强资源可回收利用的鞭策下，以及在减少排污和改善环境质量的压力下，生产业将不断迎来革新，而微生物酶制剂作为一种非常重要的生产工具，将乘着这股改革浪潮不断向前发展，因此，不断研究和开发微生物酶制剂，将大有可为、前景光明。

表 6-2　常见微生物酶及其用途

酶制剂	主要生产菌	作用原理及用途
α-淀粉酶	枯草芽孢杆菌，米曲霉	液化淀粉（乙醇、氨基酸、抗生素生产，酒类酿造、澄清果汁，纺织品退浆）
β-淀粉酶	芽孢杆菌	分解淀粉（制造麦芽糖浆）
糖化酶	黑曲霉、根霉	糖化淀粉（乙醇、氨基酸、抗生素生产，酒类酿造）
葡萄糖异构酶	放线菌	葡萄糖转化为果糖（甜味剂生产、制造高果糖浆）
纤维素酶	木霉、黑曲霉	水解纤维素（造纸、纺织、洗涤剂、饲料、果汁提取、中药加工、酿酒、酱油酿造）

酶制剂	主要生产菌	作用原理及用途
半纤维素酶	木霉、曲霉	分解半纤维素（造纸、饲料、大豆提油、速溶咖啡生产、面包生产）
果胶酶	黑曲霉	分解果胶（造纸、纺织、酿酒、果蔬汁加工）
蛋白酶	霉菌、细菌、放线菌	分解蛋白质（皮革脱毛、明胶生产、洗涤剂、制药、生产蛋白水解物、肉类加工、酿酒、酱油酿造、甜味剂生产、鱼油脱腥）
脂肪酶	细菌、放线菌、酵母菌	水解脂肪（皮革脱脂、造纸、纺织、生产化工用品、饲料、制药、肉类加工、乳品加工、焙烤食品加工、植物油加工）
链激酶	链球菌	溶解血凝块（治疗静脉栓）
透明质酸酶	链球菌	水解透明质酸（治疗心肌梗死、处理水肿和渗出液）
尿酸氧化酶	芽孢杆菌	氧化尿酸（治疗痛风等高尿酸症）
L-天冬酰胺酶	大肠杆菌	催化 L-天冬酰胺合成（治疗白血病）
植酸酶	细菌、霉菌	分解植酸及其盐（动物饲料）

二、酶制剂生产菌的开发利用

（一）菌种分离

由于酶具有专一性，因此，可利用这一特性开展样品的采集工作。一般而言，存在目标酶作用底物或潜在作用底物的环境，便是目标酶生产菌首选的采样地。例如，若需分离淀粉酶生产菌，可从粮食加工厂、食品厂、饭店等周围环境土壤或排污管道污泥中进行采样；欲分离纤维素酶生产菌，可选择森林枯枝落叶层、腐木富集之处。此外，如目标酶为嗜极酶，则可于极端环境下进行样品采集。在这些极端环境中，自然栖息着的微生物往往具有不同寻常的生存机制，有很大概率能发现新酶或具有特殊稳定性的酶。PCR 技术中常用的 Taq DNA 聚合酶，便是源自美国黄石国家公园 100℃热泉中的水生柄热菌。需要注意的是，此类微生物可能不易开展人工培养。

在之后的富集培养和分离纯化时，都应当向培养基中加入目标酶的底物，以此来提高选择强度。而在分离和初步鉴定时，要利用好各种平板培养基上的颜色反应或水解圈来挑选出目标菌。如蛋白酶生产菌可形成蛋白酶水解圈、淀粉酶生产菌可形成淀粉变色圈、纤维素酶生产菌可形成纤维素水解圈等。需要注意的是，若是胞外酶生产菌，可直接将其接种于"底物培养基"上进行颜色反应或水解圈的测试；若为胞内酶生产菌，则必须将其细胞破碎离心后，再取含酶的上清液进行测试。

在所产酶的性质和性能大体相同的情况下，应选择胞外酶生产菌及其胞外酶。这是因为，与胞内酶相比，胞外酶具有以下优点：

（1）便于回收，不必破碎细胞，也不必进行去除核酸、细胞内容物等工作。

（2）不会在细胞内大量积累而受到"饱和"效应限制，容易得到较高的酶产量。

（3）活性显现的最适条件，与产酶菌株的最适生长条件往往一致，这有利于菌株在最适生长温度下进行发酵的同时，提高酶的产量并保障酶的活性不受影响。

（二）酶制剂的生产

酶制剂的生产过程如图6-14所示。在酶的发酵阶段，也是将生产菌先进行活化、扩大培养，再接入发酵罐内进行发酵（亦可采取固态发酵，并在发酵后采用浸提等方法从发酵醪中收集胞外酶或细胞）。在液态发酵时，可采取调控培养基成分的方法，特别是添加诱导物的方法，来对生产菌进行代谢调控，以获取较高的酶产量。这是因为酶制剂中的酶，尤其是各种分解酶，几乎都是诱导酶，适当添加诱导物，可促进酶的合成。如在利用木霉发酵生产纤维素酶时，加入槐糖可诱导纤维素酶的大量合成。但值得注意的是，所添加的诱导物应是诱导酶的天然底物类似物，而不应是天然底物，否则，可能会引起分解代谢物阻遏效应，以至于酶的合成受到严重阻遏。

发酵结束后，若是胞外酶，则可直接收集发酵液进行酶的粗提；若是胞内酶，则需收集生产菌细胞，并在将其破碎后对酶进行回收。

酶的粗提，可采用盐析、有机溶剂沉淀（如乙醇沉淀）或直接喷雾干燥等方法，如此，便能制得酶制剂粗制品。在工业生产中，对酶的用量一般都很大，纯度要求也不高。因此，若是生产工业酶制剂，则可将这一粗制品在适当加工后，包装成品即可。

　　而其他用途的酶制剂，往往要求精制。可采用透析或凝胶过滤等方法对粗制品进行脱盐，采用超滤、凝胶干燥或离子交换浓缩等方法进行浓缩，采用离子交换层析或凝胶色谱层析等方法进行分离，最后可采用亲和层析或等电聚电等方法进行纯化并获得酶的结晶。

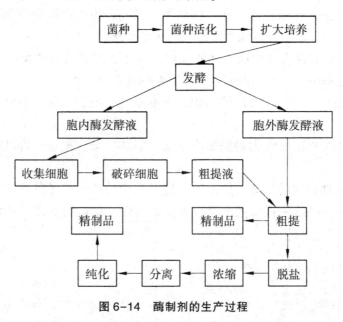

图 6-14　酶制剂的生产过程

第四节　医用噬菌体资源的开发与利用

　　传统意义上的微生物资源开发，主要是指细菌、放线菌、真菌等常见微生物的开发，但实际上，在地球上有一种数量最庞大，并且几乎与我们"形影不离"的微生物，却被我们忽视，甚至还被认为是"有害的"，它便是噬菌体，一种在地球上有约 10^{31} 个的数量，在未受污染的水体中密度约达 $10^8 PFU/mL$，在根际及土壤环境中约为 $1.5 \times 10^8 PFU/g$，在健康人体、动物体和食品中均易被监测出的一种微生物。

　　然而，这位无处不在并与我们朝夕相处的微生物"伙伴"，似乎过于"低调"。通常，我们也仅能在分子生物学或遗传学研究中见到它的"身影"，也仅能在发酵工业预防噬菌体污染时听闻它的"劣迹"。

一、噬菌体概述

噬菌体，是一类能感染细菌、放线菌和古生菌等原核微生物的病毒。其结构简单，通常由蛋白衣壳和核酸组成；其形态同样简单，仅有三种基本形态：蝌蚪形、球形和丝状（图6-15）。

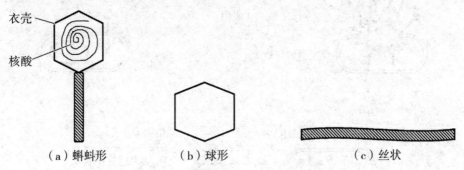

图6-15　噬菌体的形态及结构示意图

根据国际病毒分类委员会第九次报告，噬菌体可分为1目13科。目前，已有将近6000多株噬菌体经电镜描述，5000多株经核酸类型鉴定，2000多株经基因测序。这其中，超过96%的噬菌体属于有尾噬菌体目；而在有尾噬菌体目中，长尾噬菌体科、肌尾噬菌体科和短尾噬菌体科噬菌体分别约占61%、25%和14%。而已描述的其余3%～4%的噬菌体，则分属于另外10科。一般较为人们所熟知的T4、λ、T7、M13噬菌体，则分别属于肌尾、长尾、短尾和丝状噬菌体。

噬菌体是专性活细胞寄生型生物，离开寄主细胞，其仅是一个具有感染能力的生物大分子；只有在感染相应的寄主后，其才能进行生命活动和增殖，也才能完成其生活史。依据噬菌体的生活史，噬菌体可分为烈性噬菌体和温和噬菌体。烈性噬菌体仅能经历裂解性循环，而温和噬菌体既能经历裂解性循环，又能进行溶源性循环。

关于噬菌体的发现，早在19世纪就有报道。最早是在1896年，Hankin发现印度某河水中存在一种可杀灭霍乱弧菌的活性物质，但他并未深入研究。直到1917年D'Herelle从痢疾患者粪样中分离到一种可裂解志贺氏菌的生物，才将其正式命名为噬菌体。而此后，D'Herelle立即开展了一系列噬菌体防治细菌感染的研究。他在1919年利用噬菌体成功治愈一名患有严重痢疾的男孩，自此，噬菌体作为抗菌剂使用及其产业化的帷幕也就此拉开。而这比世界上第一种抗生素的发现早了近10年。

噬菌体的繁殖分为五步：吸附、侵入、生物合成、子代装配和裂解释放（图 6-16）。

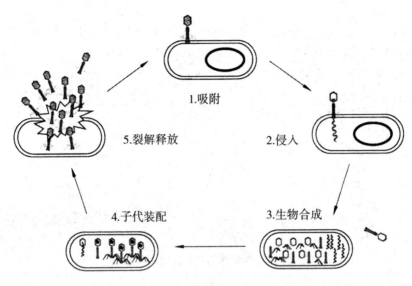

图 6-16　噬菌体的繁殖过程

（1）吸附。吸附是噬菌体的吸附结构与宿主细菌表面受体发生结合的过程。这种结合具有严格的特异性——噬菌体吸附结构与宿主表面受体分子结构的严格互补性。细菌表面的大多数构造，都是潜在的受体，如菌毛、性丝、糖被、外膜通道蛋白、Vi 抗原、脂多糖、肽聚糖和磷壁酸等；噬菌体的吸附结构，主要为尾丝、尾钉和基板等。吸附作用受许多内外因素的影响，如噬菌体的数量、阳离子浓度、温度和辅助因子（色氨酸、生物素）等。

（2）侵入。侵入是噬菌体核酸穿过细菌细胞外部结构而进入细胞内的过程。在侵入时，噬菌体裸露的、亲水性的核酸分子需穿越细菌的肽聚糖层，并抵御周质空间内限制性内切酶的作用，以及克服细胞膜的疏水屏障。大多数噬菌体借其尾部尖端携带的裂解酶，裂解接触处的肽聚糖，从而使尾部或尾管穿越细胞壁，以便侵入。噬菌体头部的核酸可迅即通过尾管及其末端小孔注入宿主细胞中，并将蛋白质躯壳留在细胞外。从吸附到侵入的时间极短，如噬菌体 T4 仅需 15s。

（3）生物合成。生物合成，包括噬菌体核酸的复制和蛋白质的合成。当噬菌体 DNA 注入宿主细胞时，一些噬菌体内源蛋白可随之一同进入。这些蛋白对抵御宿主防御机制攻击和接管宿主代谢，具有重要意义。在有利于增殖的环境建立后，宿主 RNA 聚合酶识别位于噬菌体基因组上的强启动子，转录出早期 mRNA，进而翻译出早期蛋白。早期蛋白具有较强的个体特异性，主要为噬菌体 RNA 聚合酶（如噬菌体 T7）或更改蛋白（如噬菌体 T4）。随后，在早期蛋白的作用下，噬菌体完成次早期基因的表达，合成出次早期蛋白——主要为噬菌体 DNA 聚合酶和晚期 RNA 聚合酶。在次早期蛋白的作用下，噬菌体完成核酸的复制和晚期蛋白的合成。晚期蛋白主要是噬菌体头部蛋白、尾部蛋白、各种装配伴侣和裂解酶等。

（4）子代装配。装配是形成成熟的、有感染能力的噬菌体的过程。主要步骤有：DNA 分子的缩合；通过衣壳包裹 DNA 而形成完整的头部；尾丝和尾部的其他"部件"独立装配完成；头部和尾部相结合后，最后再装上尾丝。

（5）裂解释放。当宿主细胞内的大量子代噬菌体成熟后，由于水解细胞膜的脂肪酶和水解细胞壁的裂解酶等的作用，促进了细胞的裂解，从而完成了子代噬菌体的释放。

噬菌体繁殖的五步过程，称之为裂解性循环。实际上，依据噬菌体的生活史，可把噬菌体分为烈性噬菌体与温性噬菌体。将仅能经历裂解性循环的噬菌体，定义为烈性噬菌体。与此相对的是温和噬菌体，即既能经历裂解性循环，又能经历溶源性循环的噬菌体。

如图 6-17 所示，为溶源性循环。

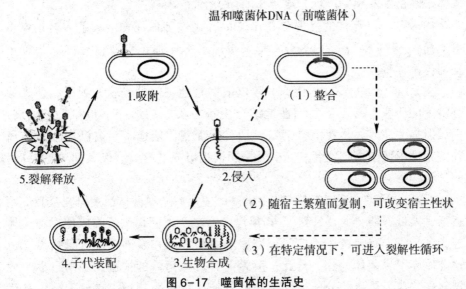

图 6-17　噬菌体的生活史

溶源性循环，主要指温和噬菌体将自身核酸注入宿主后，并不立即开始生物合成，而是将自身核酸整合到宿主基因组上，并且，随宿主繁殖而复制，不引起宿主细胞的裂解。只有待条件适宜，温和噬菌体才进入裂解性循环。

需要注意的是，无论是烈性噬菌体还是温和噬菌体，其进行繁殖的方式均是裂解性循环。在溶源性循环中，实际上并无成熟噬菌体子代的产生。其可看作是温和噬菌体的一种"休眠"方式，以此来抵御外界的不良环境。若从生态和进化的观点看，溶源性循环亦是噬菌体和细菌的一种"双赢的生活策略"，因为这种方式除了可保护噬菌体外，还可能使细菌获得有利于提升生存竞争力的"新性状"。这种由温和噬菌体导致的细菌基因型和性状发生改变的现象，称为溶源性转换。目前发现，许多细菌的毒力因子皆由温和噬菌体贡献。如白喉棒状杆菌，当其被特定的温和噬菌体感染后，获得了产生白喉毒素的新性状。

二、噬菌体抗菌剂的使用历史

（一）早期噬菌体治疗研究及其临床应用

实际上，早在抗生素发现并广泛应用前，人类就已经开始尝试利用噬菌体来防治细菌感染，称为噬菌体治疗。

1919 年，噬菌体的发现者 D'Herelle 利用噬菌体成功治愈了一名痢疾患者。而在 1921 年，R. Bruvnoghe 等又报道了噬菌体可有效治疗皮肤金黄色葡萄球菌性感染。

在 20 世纪 50 ~ 60 年代，中国也依据其他国家的经验开展了一些噬菌体治疗的研究，甚至还独创性地结合中医方法成功治疗小儿和成人痢疾。而最值得关注的，是我国科学家成功利用噬菌体治愈了一名已面临截肢风险的重度耐药细菌感染者。此事后来还被拍摄成电影《春满人间》，并一时间传为佳话。

不过，在 20 世纪 40 年代抗生素广泛应用后，噬菌体治疗研究及其应用逐渐进入低谷期，尤其是到了 70 年代，除东欧地区仍坚持临床使用噬菌体外，几乎再未有噬菌体治疗研究的报道。而我国在发现了庆大霉素后，也逐渐放弃了噬菌体治疗。自此，世界上有关噬菌体的报道，多来自逐步发展起来并成为热点的分子生物学研究领域。在这一领域，噬菌体是极其优良的模式生物，被用于研究和揭示各种生命和代谢规律。

除了抗生素的广泛使用外，学术界也总结了一些噬菌体治疗被放弃的其他原因：

（1）对噬菌体生物学机制缺乏了解，误把温和噬菌体用于治疗，导致疗效降低甚至无效。

（2）噬菌体具有严格的寄主特异性，临床应用受限。

（3）当时工艺及设备较落后，噬菌体制剂纯度不高，制剂中混有大量内毒素，在临床使用过程中出现了许多副作用。

（4）噬菌体的制剂稳定性较差，有效期也较短。

（5）缺乏系统的药理学、药效学、药动学等研究，仅凭经验给药与确定剂量，常导致治疗效果不稳定或几乎无效。

（二）近现代噬菌体治疗研究及其应用

就在人们几乎将噬菌体治疗彻底遗忘时，20世纪中后期，陆续出现了多则抗生素耐药性的报道。在危机意识的推动下，噬菌体治疗研究逐渐走上了被学术界称为的"复兴之路"。20世纪80年代，W. Smith等开展了一系列噬菌体治疗的动物试验，不仅证明了噬菌体治疗细菌感染的可行性和巨大应用潜力，还向学术界和人类社会传出了一个积极的信号——噬菌体具有治疗耐药细菌感染的巨大潜力。

此后，越来越多的研究者们投身于噬菌体治疗研究领域，针对临床上危害较大、流行性较强的致病菌开展了数百项动物试验研究，结果均表明了噬菌体防治细菌感染有着巨大潜力。特别是在面对耐甲氧西林金黄色葡萄球菌、耐万古霉素肠球菌、耐多药肺炎链球菌和多重抗药性结核杆菌等"超级细菌"时，噬菌体展现出了较强的抗菌活性。

而实际上，东欧地区的研究者们一直都未放弃过噬菌体治疗研究，只是因为文化和政治等方面原因，未将结果发表于国际期刊上。而直到21世纪初，这些地区的研究者们才将自20世纪80年代以来所开展的大量临床试验研究结果公之于众。数据显示，噬菌体不仅可有效针对耐药细菌，还具有相当乐观的临床疗效。

随着耐药细菌的大量流行，威胁与日俱增，人类寻求抗生素替代物的步伐也必须要越来越快。在临床医学领域，噬菌体已越来越被认为是一种最有效的抗生素替代物之一。而在21世纪初，许多制药公司也加入噬菌体制剂的研究和开发中。它们中不少已开展了大量志愿者试验和临床试验研究，均取得了较为理想的结果。尽管目前还没有一种医用噬菌体制剂被注册或批准生产，但是在 2006 年，却传来一件鼓舞人心的事件——美国食品药品监管局正式批准了一种可用于食品的噬菌体抗菌剂，并授予一般公认安全认证。而此后，多种类似产品均获注册并上市。这将为噬菌体治疗研究的发展注入极大的动力。

随着基因工程技术的发展，噬菌体在医学领域的应用范围还进一步扩大。基因工程噬菌体、噬菌体药物载体、噬菌体菌影疫苗等相继被报道，而最值得关注的还有噬菌体裂解酶——噬菌体所编码的一种细菌细胞壁降解酶。2001 年，Fischetti 等首次报道重组噬菌体裂解酶可以有效控制大鼠 A 族链球菌感染，此后，有将近 80 多个重组裂解酶相继被报道。它们杀菌效率较高，作为抗菌性医用酶制剂的应用前景被普遍看好，更被誉为是一种可有效替代抗生素的酶生素。

2017 年，正好是噬菌体发现的第 100 个年头，而噬菌体治疗研究与实践也已走过了 98 年历史。在抗生素出现前，噬菌体曾是最有效的抗菌剂之一，尽管其间一度引起过争议并被放弃，但随着抗生素耐药性问题越来越严重，可有效作用于耐药细菌的噬菌体及其治疗研究再度兴起。随着大量临床试验的开展，以及一些食品抗菌用途的噬菌体制剂获批上市，学术界已普遍看好噬菌体作为最理想的抗生素替代物之一。未来，应不断加强对医用噬菌体的研究及开发，并乘着现代生物技术的发展浪潮，大力研发噬菌体裂解酶型医用酶制剂，这对于有效控制耐药细菌的威胁以及保障公众健康，具有重要意义。

三、噬菌体的抗菌机制及优势

当噬菌体侵染相应寄主细菌后，便可在其细胞内快速增殖，当噬菌体子代装配完毕并成熟后，在噬菌体裂解酶等裂解因子的作用下，细菌细胞被破坏，从而被致死。这便是噬菌体抗菌的机制。需要注意的是，用于抗菌的噬菌体要求必须是烈性噬菌体，温和噬菌体不能完全杀死寄主细菌，还可能引起转导和溶源性转变现象，以致耐药基因在细菌间水平转移或向寄主细菌贡献毒力因子。

噬菌体可谓细菌的"天敌"，随着噬菌体治疗研究的深入和发展，噬菌体作为抗菌剂使用的优势也越发突出，其优势有以下几方面：

（1）可作用于耐药细菌。由于抗菌机制与抗生素完全不同，噬菌体能有效作用于耐药细菌，甚至是多重耐药细菌。已有诸多动物试验研究表明，噬菌体可实验性地防治如 MRSA、VRE、MDRSP、MDR-TB 等 "超级细菌" 导致的致死性感染。

（2）杀菌效果强。噬菌体增殖速度较快，一般几分钟至十几分钟内便可致死细菌；并且，其还可凭借自身增殖不断放大药效。许多研究表明，噬菌体的杀菌能力普遍优于抗生素。

（3）安全性高。大量的动物毒理学试验、人体临床试验，以及早期噬菌体的应用，均表明噬菌体不会对人或动物造成危害；而美国食品药品监管局也已对多种含有活性噬菌体的制剂给予了 GRAS 安全认证。近年来，许多研究还揭示了人体内源性噬菌体的存在，这些噬菌体是人体微生态环境的固有成员，其长期存在于人体内，不仅不会威胁健康，反而还具有抵抗病原菌感染、调节免疫、控制炎症反应等诸多有益作用。

（4）针对性强。噬菌体具有严格的寄主特异性，一般特定的噬菌体仅能感染特定种或特定株系的细菌，故针对致病细菌的噬菌体，其使用不会破坏人体正常菌群，也不会破坏其他有益菌群。

（5）具有治疗难治性感染的巨大潜力。细菌生物膜或致病菌细胞内感染导致的难治性感染，常常是医学界较为棘手的问题。而许多研究表明，噬菌体可通过尾丝携带的降解酶而有效作用并清除细菌生物膜；另有一些研究表明，噬菌体可通过一定的方法进入人体细胞内，具有治疗如结核分枝杆菌等胞内感染菌感染的潜力。

（6）应用范围广。噬菌体除可用于医学领域治疗细菌感染外，目前，有多种噬菌体食品抗菌剂和饲料抗菌剂已通过审批并上市。此外，噬菌体还有潜力作为基因治疗与化疗药靶向治疗的药物载体、兽用抗菌剂，以及用于临床致病菌诊断等。

（7）易于分离，开发成本低。噬菌体无处不在，在地球上，其数量可达 10^{31} 个左右，可谓资源丰富。并且，一般认为每一个细菌周围都有 10 个左右的噬菌体存在，因此，只要从噬菌体特定寄主栖息的环境中进行分离，就能相对容易地获得目标噬菌体。另有一些制药公司表明，开发噬菌体的成本远远低于抗生素。

不过，噬菌体作为抗菌剂使用也存在诸如抗菌谱较窄、血浆半衰期较短、因生理性屏障而无法接近靶细菌、细菌会产生抗性、可能会介导普遍转导现象的发生、具有不良公众印象、制剂难获得知识产权保护等缺点。这些均有待于不断深入研究而加以解决。

四、噬菌体资源的开发

当下，抗生素不仅耐药性问题愈发严重，并且开发新的抗生素越来越困难，找寻有效、安全的抗生素替代方案，尤为迫切和重要。

噬菌体是细菌的天然克星，其不仅具有可作用于耐药细菌、杀菌效果强、安全性高、针对性强、应用范围广等诸多优势，并且还易于分离、开发成本低。因此，应善用这笔宝贵的微生物资源，以应对越来越严重的耐药性问题以及人类所面临的前所未有的健康威胁。

关于噬菌体的分离，相对容易进行。可在噬菌体靶细菌柄息的环境下采样进行分离。如分离沙门氏菌噬菌体，则可于沙门氏菌较多的养殖场、生活污水排放处、医院污水排放处等环境下采样进行分离。在分离噬菌体时，可先对样品进行粗过滤、离心和微孔过滤，以分别去除大颗粒杂质、小颗粒杂质和细菌等。之后，可用靶细菌的培养物作为富集培养基，将噬菌体富集出来，并通过双层平板法和噬菌斑，将噬菌体分离出来。

需要注意的是，学术界目前已普遍达成共识，认为任何适用于治疗的噬菌体至少满足以下条件：

（1）必须是烈性噬菌体。

（2）必须通过全基因组测序和生物学信息分析，证明噬菌体不含任何溶源性相关基因、细菌毒力因子基因、抗生素耐药性基因、食品过敏原基因等有害基因。

（3）寄主范围较广，可作用于多种血清型致病菌。

（4）能顺利通过动物药效学、药力学、毒理学等试验。

（5）能顺利通过临床试验。

（6）环境耐受性较强。

尽管在食品和养殖领域，已有一些活性噬菌体产品通过审批并已上市，但目前，还没有一种可用于临床治疗的产品获准注册。这有待于多方共同努力、共同推动。我国已于2014年成立了由农业部授权的、江苏农业科学院牵头建设的国际噬菌体研究中心，并已开始收集和保藏来自全世界的噬菌体资源，也开展了多项国际合作和企业合作。这对于推动噬菌体治疗研究以及噬菌体资源的产业化具有十分积极的意义。

第七章　土壤微生物资源的开发与利用

微生物一般都生存在土壤中。土壤中数量众多的微生物既是土壤形成过程的产物，也是土壤形成的推动者，是土壤的重要组成部分，它们和其他因素一起决定着土壤的基本性质。虽然微生物本身仅占土壤有机质的很小部分，但有机质转化所需能量的95%以上来自微生物的分解作用。所以，土壤一直被称为"微生物天然培养基"，是人类最丰富的"菌种资源库"。

第一节　土壤微生物资源的种类与分布

土壤中蕴藏的微生物种类最丰富，迄今为止人们认识的微生物绝大多数都是从土壤中分离到的。因此，我们有必要了解土壤微生物资源在各种生态环境中的分布以及它们的种类。

一、土壤中的各类微生物的分布

土壤中的微生物数量种类非常丰富，最常见到的就是细菌、放线菌、真菌、藻类和原生动物等，土壤中的各类微生物的分类如图7-1所示。通过这些微生物的代谢可以改变土壤的理化性质，也是保持土壤肥力的一个重要手段。

（一）细菌在土壤中的分布

在土壤中的微生物，细菌可以达到70%～90%。它们个体虽小，但是数量庞大，占据土壤的表面积非常大，成为土壤中最大的生命活动体。它们不停地生长繁殖，时刻与周围的环境进行物质的交换。土壤中的细菌有很多种生理类群，如固氮细菌、氨化细菌、反硝化细菌、产甲烷细菌等，通过自身的特性帮助动植物体进行各类化合物间的转化，帮助改善土壤的理化性质。

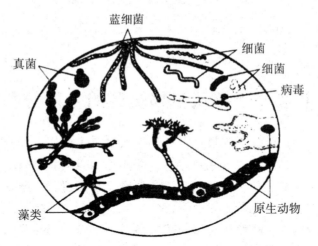

图 7-1 土壤中的各类微生物的分类

（二）放线菌在土壤中的分布

土壤中第二大的微生物类群非放线菌莫属，每克的土壤中含有几百万到几千万的菌体和孢子，达到土壤微生物总数的 5%～30%。放线菌的数量虽然比细菌的少，但是它们的体积比细菌的大，能力也比细菌要强，可以在干燥的土壤乃至沙漠中生存。土壤中的放线菌是需氧性异养状态生活，可以分解纤维素、木质素和果胶等物质，通过分解作用，可以改善土壤的养分状况，从而使植物可以直接吸收。

（三）真菌在土壤中的分布

土壤里的真菌大部分都是营腐生生活，主要分布在土壤的表层，尤其是在酸性森林中更是常见。真菌的个体比细菌和放线菌都要大，往往具有很强的分解能力，诸如很多细菌都不能分解的纤维素、木质素等，真菌都可以将它们进行分解。因此，在整个生态系统中，真菌也是主要的分解者。土壤中常见的真菌主要有地霉、青霉和木霉，但也可以找到大量的子囊菌和担子菌。

（四）藻类在土壤中的分布

藻类为一类单细胞，通常为丝状的微生物。藻类在土壤中的主要作用是防止土壤中有机矿物的流失，并通过利用有机矿物合成必需物质来增加土壤中的有机物质。

（五）原生动物在土壤中的分布

土壤中的原生动物种类也很多，它们形态和大小差异都很大，通常以分裂的方式进行无性繁殖。土壤中的原生动物可以促进物质的循环，它们可以吞食有机物残片和土壤中细菌、单细胞藻类、放线菌和真菌的孢子，因此原生动物的生存数量往往会影响土壤中其他微生物的数量，同时通过摄取其他微生物作为食物可以将氮和磷的矿物作用迅速提高，增加土壤的肥力，以利于植物更好地吸收营养物质。

二、土壤中的功能菌群

（一）与氮循环相关的微生物

在土壤中，参与氮循环的微生物主要包括固氮菌、氨化细菌、硝化细菌和反硝化细菌。

固氮菌在土壤中的数量和种类很多，以固氮细菌为主，包括自生固氮菌和共生固氮菌。自生固氮菌种的嫌气性固氮菌对森林土壤固氮起重要作用。共生固氮作用中根瘤菌和豆科植物的共生固氮作用最为重要。

氨化作用在农业上非常重要，指含氮有机化合物在氨化细菌作用下释放氨的过程。进入土壤中的动植物残体和有机肥料，必须通过氨化作用，转变为植物能吸收和利用的氮素养料。氨化过程分为两阶段进行：

（1）含氮有机物降解为多肽、氨基酸等简单含氮化合物。

（2）氨化细菌适宜生长在中性、持水量50%～75%、温度25～35℃土壤环境中。

土壤中的硝化作用可防止土壤中氨的散失，增加土壤中硝酸盐含量，对供给植物氮素和养分有重要意义。反硝化作用是使土壤中氮素损失的重要因素之一，也是保持土壤疏松，排除过多水分，保证良好通气条件的因素之一。反硝化细菌适宜在 pH 值为 6～8、25℃的土壤中生长。

（二）与磷循环相关的微生物

磷的转化与农业生产密切相关，植物生长需要磷肥。土壤中含有大量植物无法直接吸收利用的有机磷和难溶性无机磷，它们必须通过解磷菌的作用后转变为可溶性磷，参与解磷作用的微生物主要有解无机磷细菌和解有机磷细菌。土壤中的解磷菌有蜡状芽孢杆菌、蕈状芽孢杆菌、巨大芽孢杆菌、多黏芽孢杆菌等。解磷真菌在数量上不如细菌多，但其解磷能力通常比细菌强。溶磷的真菌类群主要有青霉属和曲霉属。

（三）与钾循环相关的微生物

钾对维持细胞结构、保持结构的渗透压、吸收养分和构成酶的辅基等有重要意义。除盐土外，土壤中可溶性钾含量并不高，而且由于钾易被植物带走，需不断补充。土壤中的芽孢杆菌、假单孢菌、曲霉、毛霉和青霉等都有解钾功能。其中胶质芽孢杆菌在其生长过程中能以铝硅酸钾或钾长石为唯一钾源，将无效钾转变为有效钾，且具有微弱固氮能力，供植株生长使用。

三、土壤对微生物区系分布的影响

土壤的肥力、降水量、作物种植情况、人为活动等都会影响微生物的分布和生长。土壤中有机质的含量高低也会影响土壤中微生物的分布，在有机质含量最好的黑土、草甸土等中，微生物的数量较多；而在西北干旱地区，微生物的数量则较少，见表7-1。

表7-1 我国不同土壤微生物数量（千个/克干土）

土壤	植被	细菌	放线菌	真菌
黑土	林地	3370	2410	17
	草地	2070	505	10
灰褐土	林地	438	169	4
	草地	357	140	1
黄绵土	林地	144	6	3
	草地	100	3	2
红壤	林地	189	10	12
砖红壤	草地	64	14	7

土壤的不同深度对微生物的分布也有极大的影响，见表7-2。最主要的原因是不同土壤的深度，其含水量、通气、温度、湿度都各不相同，从而

造成微生物不同生理特性的差异性分布。最上层的表土的微生物较少，因为表层的土壤比较干燥，同时会受到太阳的直射，这样导致微生物极易死亡。表层下 5～20cm 土壤层中微生物数量最多，若是植物根系附近，微生物数量更多。由于该层营养成分丰富，土壤胶体颗粒的持水性、有机质、微量元素等提供了微生物生长所需的合适条件。而植物根际更是富集了大量营养要素，使微生物大量生长于此，很多与植物形成了互生的关系。自20cm 以下的土壤中，微生物数量随土层深度增加而减少，特别是硝化细菌、纤维分解菌和非共生固氮菌等更是随土层深度的增加而急剧减少。至1m 深处微生物总量减少至 1/20，至 2m 深处，因缺乏营养和氧气每克土中仅有几个微生物存活。

表 7-2　土壤深度对微生物分布的影响

深度/cm	每克土壤中微生物数量/（×10³cfu）				
	好氧性细菌	厌氧性细菌	放线菌	真菌	藻类
3～8	7800	195	2080	119	25
20～25	1800	39	245	50	0
35～40	472	98	49	14	0.5
60～75	10	1	3	6	0.1

第二节　土壤微生物资源的特性与利用

一、土壤微生物的多样性

土壤微生物多样性又叫土壤微生物群落结构，是指土壤微生物群落的种类和种间差异，包括生理功能多样性、细胞组成多样性及遗传物质多样性等。

（一）自然环境中土壤微生物多样性

自然环境条件下，微生物多样性受气候、土壤类型、地理位置、植被、景观等影响。Pankhurst 等采用 Biolog 技术和 FAMUs 方法研究了盐碱土的微生物多样性，结果表明，盐碱因素降低了土壤细菌、真菌的多样性。阳离子代换量、碳酸盐提取磷的分析结果与 Biolog 碳利用能力具有相关性。Liu 等研究指出，土壤扰动会降低土壤微生物的多样性和活性，过度放牧、火灾、季节性干旱都能降低土壤微生物多样性。

（二）土壤微生物多样性与农业生态条件

土壤微生物多样性受到土壤质地、土壤温湿度、土壤酸碱度和土壤中矿物质及有机物质的含量等多种因素的影响。由于不同的农业耕作方式、种植制度与农田植被类型影响着土壤的物理化学性质及土壤环境，而影响着土壤微生物的多样性。

二、微生物生物量的测定及反馈应用

土壤微生物生物量，是指土壤中体积<50000m³活的和死的生物体（不含活体植物根系）的总和，其主要生物类群有细菌、放线菌、真菌、藻类和原生动物等。

（一）微生物生物量的测定方法

早期测定土壤微生物生物量的方法为显微镜观测法，尽管该方法被认为是研究土壤微生物各种群大小等的一种较为直观的手段，但测定过程烦琐，定量精度低。现在已经建立的几种生物化学方法如熏蒸法、底物诱导呼吸法、ATP 法避免了这一缺陷。这些方法通常通过测定土壤微生物的某种成分（如碳、氮、ATP 等）或生理活性（呼吸速率）来反映土壤微生物质量。目前应用较多的是熏蒸–培养法和熏蒸–提取法。

（二）土壤微生物生物量对农业生态条件的反馈作用

土壤微生物生物量可以敏感地反映出不同土壤生态系统间的差异。相关学者发现，草地或林地开垦耕地后会导致土壤微生物量的下降，这可能是由于耕作使土壤有机质很快分解，进而土壤微生物活性降低。免耕土壤中微生物生物量和细菌功能多样性高于传统耕作土壤。一般认为，减少耕作能增加大团聚体的数量，可能增加微生物多样性和微生物生物量。研究者在对锡金 Minlay 流域进行研究时发现，当林地转变为农业用地和荒地时，能够导致土壤微生物的明显减少，其中林地转变为荒地会导致微生物生物量氮减少 78%，微生物生物量碳减少 73%，微生物生物量磷减少 71%。

三、土壤微生物生态学研究方法

土壤是一个多介质、多组分构成的复杂自然体。土壤的宏观类型和微观结构都相当复杂，并且许多是未知的。在自然土壤条件下，各类土壤微生物的组成和活动及其引起的生物化学过程又是相互交替、相互影响、错综复杂的。

（一）土壤微生物量研究方法

经过近 30 年的努力，目前已经建立了比较完善的土壤微生物量碳、氮、磷分析技术。比较费时、费力而且应用范围受到限制的熏蒸培养方法，早已经被熏蒸—浸提方法所取代。Brookes 提出了一种直接的估计微生物 P、N 的方法（FE），并可测定微生物 C、S，是目前较好的微生物量测定方法，它适合批量测定，适用土壤范围广。但 FE 方法针对不同的土壤、不同的要素需要制定不同的参数。相关学者提出底物诱导呼吸方法来分析微生物量，此方法的产生基于微生物纯培养研究，根据微生物对易利用底物的反应强度与微生物量存在线性关系来测定土壤微生物量。

（二）Biolog 微平板法

Biolog 方法是将土壤悬液接种到 Biolog 微平板上，该平板上含有 95 种（GP-板和 GN-板）或 31 种（Eco 板）不同的 C 源，其中包括几种碳水化合物、羧酸、聚合物、胺类和氨基酸等，微生物在利用碳源过程中产生的自由电子，与四氮唑盐染料发生还原显色反应，颜色的深浅可以反映微生物对碳源的利用程度和情况。由于微生物对不同碳源的利用能力很大程度上取决于微生物的种类和固有性质，因此在一块微平板上同时测定微生物对不同单一碳源的利用能力，就可以鉴定纯种微生物或判定和分析微生物群落的功能代谢能力差异情况。

第三节　土壤微生物资源在生态循环系统中的作用

在生态系统中，一方面，各种生物不断地从环境中结合无机化学物质，将它们合成为有机物，即生产者通过光合作用产生了种类繁多、数量巨大的有机物质。另一方面，各种生物代谢活动尤其是分解者的分解活动又将有机物转变成无机物返还自然界，即通过消费者和分解者的作用，这些有机物又重新从地球上消失了。因此，微生物在整个生态系统中，起到了主要的推动作用。在生态系统中，微生物不仅是重要的生产者和消费者，而且是主要的分解者。在物质循环中，微生物的作用是非常重要的，不仅参与所有物质的循环，而且在许多物质循环中起着独特且关键的作用。

一、微生物与碳循环

（一）碳素循环的基本过程

碳是构成生物体的最大成分，接近有机物质干重的50%。在地球衍生的开始，碳仅仅存在于大气圈、水圈和岩石圈中，随着生物的出现，碳又逐渐进入到生物圈和土壤圈中，在五个圈层中进行转移和交换。如图 7-2 所示，大气中的 CO_2 被陆地和海洋中的植物吸收，然后通过生物或地质过程以及人类活动干预，又以 CO_2 的形式返回到大气中。

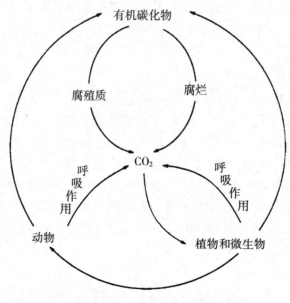

图 7-2　碳循环示意图

（二）微生物在碳素循环中的作用

目前有关影响有机物分解的土壤微生物概念主要集中在细菌、放线菌和真菌三大类植食性的类群上。有机物的分解是在土壤微生物和土壤动物相互分工、相互促进情况下进行的。

1. 有机物质的有氧分解

进入环境的含碳有机物与该处的微生物一接触，在有氧条件下这些有机物便成为好氧微生物的营养基质而被氧化分解。由于进入环境的有机物结构和性质不同，使该微生物区系的优势种随之相应地发生变化。如纤维素进入该处，则纤维素分解菌会大量增殖，当蛋白质类的基质大量进入环境时，就会促使氨化细菌占优势生长。

2. 有机物质的无氧分解

当大量有机物进入环境时，由于好氧细菌的活动消耗大量氧气，造成局部的厌氧环境，使厌氧微生物取代了好氧微生物，而对有机物进行厌氧分解。无氧分解一般有三类微生物对多糖、蛋白质、脂肪等分解。复杂的有机物首先在发酵性细菌产生的水解酶作用下，分解成相应的有机物，即单糖、氨基酸、脂肪酸等简单的有机物，并被发酵细菌的细胞内酶分解转变为乙酸、丙酸、丁酸、乳酸等脂肪酸和乙醇等醇类，同时产生 H_2 和 CO_2。在有机物厌氧分解生成甲烷过程中第二类起重要作用的是产氢产乙酸细菌，它们把丙酸、丁酸等脂肪酸和醇类等转变为乙酸。第三类微生物是产甲烷细菌，它们分别按以下两种途径之一生成甲烷：其一是在 CO_2 存在下，利用 H_2 生成甲烷；其二是利用乙酸生成甲烷。

（三）淀粉和糖的分解

能分解淀粉的微生物种类很多，包括各种细菌、放线菌和真菌。淀粉分解有两种方式，分别是：

（1）在磷酸化酶的作用下，将淀粉中的葡萄糖分子一个一个地分解下来。

（2）在淀粉酶的作用下先水解为糊精，再水解为麦芽糖，在麦芽糖酶作用下最终生成葡萄糖。

前一种方式可能是微生物分解利用淀粉的普遍方式；后一种可能是水解淀粉能力特别强的微生物所特有的方式。微生物分解淀粉为葡萄糖后，通过需氧呼吸或厌氧发酵，释出能量，其间产生的一些中间产物在同化过程中合成微生物的细胞物质。

（四） 半纤维素的分解

半纤维素为植物细胞壁的另一主要成分，含有多缩戊糖和己糖以及多缩糖醛酸，在微生物产生的半纤维素酶类（多缩糖酶）的水解作用下，产生单糖和糖醛酸，在有氧呼吸或厌氧发酵中进一步分解。土壤微生物分解半纤维素的强度相当大，比分解纤维素快。能分解纤维素的微生物大多也能分解半纤维素，还有许多种微生物虽然不能分解纤维素，但能分解半纤维素。

二、微生物与磷循环

自然界的磷库主要存在于土壤中，其循环主要在土壤、植物和微生物之间进行。土壤作为植物磷素的供给源，其供磷水平的高低影响着植物的生长发育。土壤中的磷，植物很难直接吸收利用，主要是以无机磷化合物和有机磷化合物两种形态存在，其中无机磷的形态主要是磷灰石，占全磷含量的 30% ～ 50%。

（一） 磷素循环的基本过程

自然界磷素循环的基本过程是（图7-3）：岩石和土壤中的磷酸盐由于风化和淋溶作用进入河流，然后输入海洋并沉积于海底，直到地质活动使它们暴露于水面，再次参加循环。

（二） 微生物解磷机制的研究

土壤有机磷主要有核酸、磷酸肌醇（植酸）和磷脂三大类。解磷微生物存在对有机磷的降解矿化作用，土壤中还有大量微生物能够溶解无机固定态磷，使其转化为可溶性磷。即解磷微生物存在对无机固定态磷的溶解作用。

三、微生物与氮循环

氮（N）是所有生物必需的营养元素。作为蛋白质的主要成分，氮也是维持生物体结构组成和执行所有生物化学过程的基础。

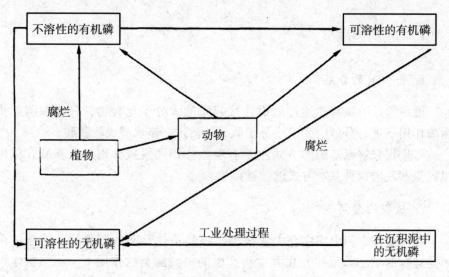

图 7-3 磷循环的基本过程

（一）氮素循环的一般过程

自然界的氮素物质主要有三种形态，分别是：

（1）分子态氮，存在于大气中，数量大，约占空气总量的 4/5。

（2）生物体中的蛋白质、核酸和其他有机氮化合物，以及由死亡的生物残体进入环境后转变成的各种有机氮化物。

（3）铵盐、硝酸盐等无机态氮化物。

这三种形态的氮素物质在自然界不断地相互转化，进行着氮素循环。自然界的氮素循环包括五个转化过程，在这转化循环中微生物起着极其重要的作用，如图 7-4 所示。

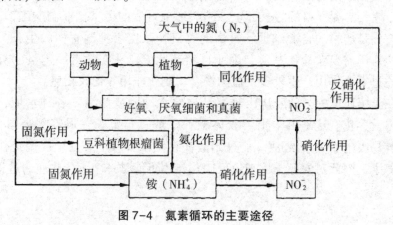

图 7-4 氮素循环的主要途径

（二）氨化作用

1. 蛋白质的分解

蛋白质是由氨基酸通过肽键连接起来的大分子化合物，只能在胞外蛋白酶作用下进行分解，生成小分子肽，然后进一步水解成氨基酸。

微生物分解氨基酸的方式主要有脱氨作用和脱羧作用。氨基酸在体内以脱氨和脱羧两种基本方式继续被降解。

2. 核酸的分解

各种生物细胞中均含有大量核酸，核酸是核苷酸的缩聚物。核酸的降解是连续的细胞外反应，在微生物产生的核酸酶类的作用下，将核酸水解成核苷酸，然后在核苷酸酶作用下分解成核苷和磷酸。核苷经核苷酶水解成嘌呤或嘧啶和核糖或脱氧核糖。嘌呤或嘧啶继续被分解，经脱氨作用产生氨。

（三）硝化作用

参与硝化作用的微生物统称为硝酸细菌，由亚硝酸细菌和硝酸细菌这两类细菌组成。亚硝酸细菌和硝酸细菌都是绝对好氧的化能自养型微生物，从氧化 NH_3 和 HNO_2 中取得能量，以 CO_2 为碳源进行生活；它们都是革兰阴性菌，适宜在中性至偏碱性环境下生长；它们均属中温性微生物，最适温度为30℃，低于5℃或高于40℃时便不能活动。

与氨化作用的微生物相比，亚硝酸细菌与硝酸细菌对环境十分敏感。首先，它们需要严格的好氧环境，硝酸细菌对氧的要求比亚硝酸细菌更高。其次它们是严格的自养细菌，过高的有机物浓度会抑制它们的生长。但由于硝化作用需要铵盐作基质，因此自然环境中往往在含有一定量的有机质并能通过氨化作用产生较多铵盐的场合，硝化作用才比较旺盛。

在土壤环境中，硝酸盐比较容易被雨水冲刷或渗漏到各种水域，造成水体富营养化。这是由于土壤胶体颗粒一般带负电荷，很容易吸附 NH_4^+，而不容易吸附 NO_3^- 的缘故。而且硝酸盐在浸水条件下会发生反硝化作用而损失氮素。因此对农业土壤来说反硝化作用可能是一个不受欢迎的过程。

（四）反硝化作用

在厌氧条件下，环境中硝酸盐被还原成氮气或氧化亚氮（N_2 或 N_2O）的过程，称为反硝化作用，也称为脱氮作用。反硝化作用有硝酸还原成氨和硝酸还原成氮气两种情况。

1. 硝酸还原成氨

大多数的微生物都能通过硝酸还原酶的作用，将硝酸还原为氨，再进一步合成为氨基酸、蛋白质和其他含氮大分子。

2. 硝酸还原为氮气

在厌氧条件下，反硝化细菌将硝酸还原为氮气，故也称为脱氮作用。

能进行脱氮作用的微生物有自养的反硝化细菌，也有异养的反硝化细菌。自养的反硝化细菌如脱氮硫杆菌，它能利用硝酸盐中的氧把硫氧化为硫酸，从中取得能量来同化 CO_2。

异养的脱氮细菌主要是一些兼性厌氧的假单孢菌属、色杆菌属、微球菌属的一些种类。它们在好氧条件下进行好氧生活，而在厌氧条件下则利用硝酸盐中的氧来氧化有机底物，进行硝酸盐还原反应，生成 N_2。代表种类有：脱氮假单孢菌、施氏假单孢菌、铜绿假单孢菌、紫色色杆菌、脱氮微球菌、蜡状芽孢杆菌等。

四、微生物与其他元素循环

（一）硫素循环

1. 硫素循环的基本过程

硫是生物必需营养元素，是蛋白质、维生素、辅酶以及生物素等的组成元素。在自然界中的储量十分丰富，硫主要以元素硫、硫化氢、硫酸盐和有机硫化物四种形态存在，如图 7-5 所示。

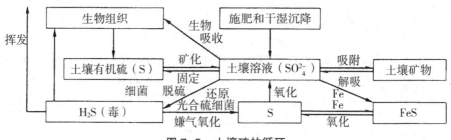

图 7-5 土壤硫的循环

2. 微生物在硫素转化中的作用

土壤中各种形态硫的转化过程是一个微生物学过程。土壤微生物要利用硫的氧化获得能量，其中最主要的微生物是硫氧化芽孢杆菌属的细菌。虽然硫在各种有机物的分解过程中的机理尚未研究清楚，但是可以由以下几个作用来进行分析：

（1）无机硫的同化作用。微生物利用硫酸盐和硫化氢，组成本身细胞物质的过程，称为硫的同化作用。只有少数微生物能同化硫化氢，大多数情况下，微生物先将元素硫和硫化氢吸收转变成硫酸盐，再固定到蛋白质等细胞物质中成为有机硫化物。

（2）有机硫化物的分解作用。动植物和微生物尸体中的含硫有机物，被微生物降解成无机硫的生物过程，称为分解作用，也称脱硫作用。在有氧的环境中，硫化氢可继续氧化成硫酸盐，供植物和微生物利用。在厌氧条件下，蛋白质腐解产生硫化氢和硫醇。逸入大气会产生恶臭；在土壤中积累会毒害植物根系。

（3）硫化作用。硫化氢、元素硫或硫化亚铁等进行氧化，最后生成硫酸的生物过程，称为硫化作用。能进行硫化作用的细菌主要是硫细菌，可分为无色硫细菌和有色硫细菌。

（4）硫酸盐还原作用。在厌氧条件下微生物将硫酸盐还原为 H_2S 的过程称为硫酸盐还原作用，也称为反硫化作用。脱硫葱状菌、脱硫肠状菌、脱硫球菌、脱硫八叠球菌、脱硫弧菌都是以硫酸盐作为电子受体的硫酸盐还原菌（SBR），广泛分布于各种环境中。它们能够以氢气作为生长基质。最近发现，SBR 也能利用较复杂的有机物质（如芳香族化合物和长链脂肪酸）。人们正在密切关注 SBR 应用于污染环境原位修复的可能性，因为很多环境受芳香族化合物污染，这些环境常常缺氧，且充氧比较困难。

（二）铁、锰、钾等元素循环

铁、锰、钾等元素大多以离子状态存在于土壤溶液中，被生物吸收后，常以离子状态存在于细胞液中，或与有机物形成离子键，这些元素的氧化还原变化均受微生物作用的影响，简述如下：

（1）铁的变化。铁细菌能氧化亚铁化合物，从中取得能量，间接地促进了土壤中三价铁的还原。

（2）锰的转化。土壤中的锰以可溶性的二价锰和不溶性的四价锰形式存在，锰的转化决定于微生物，在缺氧及酸性条件下常有利于锰的还原，在碱性条件下有利于锰的氧化。

（3）钾的转化。土壤中钾以矿物态钾、缓效态钾、速效钾 3 种形态存在。矿物态钾存在于云母和长石等原生矿物中，植物难以利用，可在微生物作用下水解为次生矿物，并释放出可交换性钾。土壤中能被植物直接吸收的为水溶性钾和可交换性钾，有些细菌和真菌能够在培养基上分解硅铝酸盐矿物释放极少量钾素，包括芽孢杆菌、假单孢菌、曲霉、毛霉和青霉中一些产酸的菌种。

综上所述，在生态系统的物质循环中，微生物发挥着巨大的作用。一方面，绿色植物和自养微生物合成各种有机物，另一方面，自然界的有机物通过微生物的分解作用转变成无机物。由此，元素不断从非生命状态转变成有生命状态，然后再从有生命状态转变成非生命状态，如此循环，推动了自然界的物质循环。

第四节　微生物土壤修复技术开发与利用

一、微生物在有机污染土壤生态修复中的作用

（一）生态修复的概念

生态修复是指在生态学原理指导下，结合各种物理、化学以及工程技术措施，通过优化组合和技术再造，使之达到最佳效果和最低耗费的一种综合的修复污染环境的方法。

（二）影响微生物降解土壤中有机污染物的主要因素

1. 污染物的性质

污染物的性质从以下两个方面进行分析：

（1）污染物的溶解性。有机化合物在它们的溶解性上有很大不同，从可以无限混合的极性物质，比如甲醇，到极其低溶解性的非极性物质，比如多环芳烃。许多复杂的化学物质有很低的水溶解性。对于微生物来说能利用一种化合物的能力暗示了该化合物的生物可降解性。易溶于水的化合物一般有更多可以获得的降解酶。例如，顺式二氯乙烯优先降解于反式二氯乙烯，这可能由于顺式比反式有更多的极性，因而有更大的水溶性。表面活性剂能增加溶解性，就增加了化合物的降解性。一般来说，多环芳烃的降解次序与它们的水溶性相关，而且环越多越难降解。四环降解难于二环和三环的。土壤环境中污染物由于与土壤颗粒相互作用，生物有效性下降，被称为锁定。锁定造成了修复的不完全，总有一部分污染物持久性残留不能消除，成为微生物修复技术面临的最大挑战。

（2）污染物的结构。烃类化合物一般是链烃比环烃易降解，不饱和烃比饱和烃易降解，直链烃比支链烃易降解。碳原子上的氢都被烷基或芳基取代时，会形成生物阻抗物质。官能团的性质和数量对有机化合物的生物降解性影响很大。

2. 污染物浓度

在生态修复过程中，土壤中污染物的浓度对微生物降解能力有一定制约。当污染物浓度过高时，土壤的孔隙则会被堵塞，导致植物呼吸受到抑制，同时也会使大量的土壤结构发生改变，从而导致生物的降解能力下降。当污染物浓度过低时，生物修复也很难顺利进行。这是因为污染物将微生物隔离，导致降解率下降或产生零降解，甚至不利于微生物的生长繁殖。

二、微生物在有机污染土壤生态修复中的应用

（一）微生物与石油污染土壤生态修复

石油含有大量的碳（83%～87%）、氢（11%～14%）元素，也含有硫

（0.06%～0.8%）、氮（0.02%～1.7%）、氧（0.08%～1.82%）及微量金属元素（镍、钒、铁等）。土壤中分布着很多可以降解石油的微生物，它们能够适应环境，并进行选择性富集和发生遗传改变，这样就可以使它们的编码基因的质粒数发生改变。到目前为止，已查知石油降解细菌群数最多的是假单孢菌属、节杆菌和产碱杆菌属。

（二）微生物与多环芳烃污染土壤生态修复

多环芳烃是由 2 个或 2 个以上苯环以线状、角状或簇状排列组合成的一类稠环化合物。由于环境中 PAHs 分布的广泛性，能够降解它的微生物也是广泛存在的。一般来说，随着 PAHs 苯环数的增加，其微生物可降解性越来越低。许多细菌、真菌和藻类等都具有降解 PAHs 的能力。PAHs 水溶性差、蒸汽压小、辛醇—水分配系数高、稳定性强，因此容易吸附于土壤颗粒上和积累于生物体内。

（三）微生物与多氯联苯污染土壤生态修复

微生物与多氯联苯污染土壤生态修复从以下两个方面进行分析：

（1）多氯联苯简介。多氯联苯，又称多氯联二苯，是许多含氯数不同的联苯含氯化合物的统称。在多氯联苯中，部分苯环上的氢原子被氯原子置换，一般式为 $C_{12}H_nCl_{(10-n)}$（$0 \leqslant n \leqslant 9$）。依氯原子的个数及位置不同，多氯联苯共有 209 种异构体存在。

（2）土壤中降解 PCBs 的微生物。自从 1973 年 Ahmed 和 Focht 筛选出 2 株能降解卤代联苯的无色杆菌以来，至今已分离出多种能够降解 PCBs 的细菌菌株。其中根瘤菌作为一种特殊菌种，在环境中具有 2 种存在状态，即游离态和共生态，引起了广大研究者的兴趣。Damaj 等发现，游离态的根瘤菌能够耐受并且转化 PCBs。随后 Mehmannavaz 等发现与紫花苜蓿共生状态下的根瘤菌可以在一定程度下促进植物对 PCBs 污染土壤的修复。

（四）微生物与农药污染土壤生态修复

已经报道的能降解农药的微生物有细菌、真菌、放线菌、藻类等，大部分都来自于土壤微生物，这里仅就细菌、真菌、放线菌进行简要阐述，具体如下：

（1）细菌。能降解农药的细菌种类很多。例如假单孢菌属、产碱杆菌属、黄杆菌属、链球菌属、短杆菌属、硫杆菌属、八叠球菌属等。

（2）真菌。降解农药的真菌有曲霉属、青霉属、根霉属、镰刀菌属、交链菌属、头孢菌属、毛霉属、胶霉属、链孢霉属、根霉菌属等。

（3）放线菌。放线菌作为土壤中一大类微生物，所发现的降解微生物较少。放线菌降解农药的有链霉菌素、诺卡菌属、放线菌属、高温放线菌属等。

三、微生物在重金属污染土壤生态修复中的应用

土壤重金属污染是指由于人类活动将重金属加入到土壤中，致使土壤中重金属含量明显高于其自然背景含量，并造成生态破坏和环境质量恶化的现象。通常所指的重金属元素指相对密度大于 5 的金属，包括镉（Cd）、铜（Cu）、铅（Pb）、锌（Zn）、铬（Cr）、汞（Hg）等，砷（As）属于非金属，但其毒性及某些性质与重金属相似，所以通常也将其列入重金属污染物范围。重金属在人体中累积达到一定程度，会造成慢性中毒。重金属污染土壤的生态修复主要是利用植物或土壤中天然的微生物资源削减、净化土壤中重金属或降低重金属毒性，从而使污染物的浓度降低到可接受的水平，或将有毒有害的污染物转化为无害的物质，也包括将污染物稳定化，以减少其向周边环境的扩散。

（一）微生物强化重金属植物修复

1. 根际微生物对重金属生物有效性的影响

根际微生物是在植物根系直接影响其生长繁殖土壤范围内的微生物。微生物大量聚集在根系周围，将有机物转变为无机物，为植物提供有效的养料；同时，微生物还能分泌维生素、生长刺激素等，促进植物生长。

2. 根际微生物对修复植物吸收重金属能力的影响

根际微生物对修复植物吸收重金属能力的影响从以下两方面进行分析：

（1）根际促生菌对植物吸收重金属的影响。根际促生菌是一类生活在植物根际能够促进植物生长的有益细菌。促进植物生长的 PGPR 也能通过多种机制的协同来促进植物的生长和提高重金属在植物中的积累。

（2）丛枝菌根真菌对植物吸收重金属的影响。丛枝菌根（AM）真菌是由于部分真菌不在根内产生泡囊，但都形成丛枝，故简称丛枝根菌真菌。

（二）微生物对重金属的转化

氧化还原作用在重金属生态修复中的作用是把重金属从毒性较高的价态转变成为毒性较低的价态，从而解除了重金属的毒性。自然界中还有些微生物可以将高毒的 Cr^{6+} 还原成为低毒的 Cr^{3+}，从而达到解毒的作用。另外，自然界中有很多微生物。例如，大肠杆菌、假单孢菌、芽孢杆菌等，可以把高毒性的 Hg^{2+} 还原成为低毒的 HgO，形成沉积或挥发到大气中。

第八章　海洋与湿地微生物资源的开发与利用

海洋约占地球表面积的 70%，其中所含的资源不应被忽视。海洋生物是开发海洋药物、保健食品、营养食品等的重要生物材料。由于海水中盐分含量多（3.3%～3.7%），水温低（一般为 10～25℃），有机物质含量少，海底承受的水压高，故海洋微生物一般具有嗜压（或耐压）、嗜盐（或耐盐）、低营养需要及低温下生长的特性。

湿地不仅有大量的动植物资源，还蕴藏着丰富的微生物资源。而且它既是陆地上的天然蓄水库又是众多野生动植物特别是珍稀水禽的繁殖越冬池，在蓄洪防旱、调节气候、控制土壤侵蚀、促淤造陆、降解环境污染等方面都发挥着极其重要的作用。

第一节　海洋微生物及其研究意义

一、海洋微生物分布的特点

海洋微生物分布的特点具有以下几点：

（1）沿岸比外海微生物密度高，特别是江河入海口和近海养殖场海域的微生物密度高。

（2）海底土中表土的微生物密度高，随深度增加，微生物密度和种类均减少。

（3）水温高的夏季，微生物密度比冬季高。

（4）附着性细菌在固形物含量多的海水中密度高。

二、深海微生物

在深海中极端环境下存在一些能适应高温、低温、高酸、高盐的微生物，如嗜热菌、嗜冷菌、嗜酸菌、嗜盐菌等，它们被称为海洋极端环境微生物。

第二节　海洋微生物的多样性

海洋微生物种类繁多，并且能够耐受海洋特有的如高盐、高压、低氧、低光照等极端条件。生活环境的特异性导致海洋微生物在物种、基因组成和生态功能上的多样性。由于缺乏适当的培养方式，使得人们对海洋微生物多样性的了解较少。相信随着海洋探测技术和生物技术的发展与结合，海洋生物资源将得到充分的挖掘，并实现可持续的发展与利用。

一、病毒

除寄生外，自由存在的病毒在海洋中广泛分布。目前研究海洋病毒的主要手段是电子显微镜。许多自由的海洋病毒比从海洋寄主分离的典型培养的噬菌体和病毒要小。这些自由存在的海洋小病毒的来源尚未确定，如许多天然的病毒原本就小于培养的噬菌体；或是小型噬菌体成员；或属于真核生物病毒；也可能是由细菌产生的非侵染性颗粒；或是病毒大小的有机/无机胶体。由于方法的限制，有关结论需进一步研究。

二、细菌

原核生物中大多数的种属为细菌。细菌的营养方式表现为高度适应环境的多样性，能够真正利用各种不可思议的物质，并且在许多情况下，能够根据环境条件运用一种以上的营养策略。

某些光合细菌在有氧环境中能进行无氧光合。它们属于兼性光合细菌，能够利用光作为附加能源异养生长。这些兼性光合细菌在有氧的海洋生境中常见，约占细菌总数的 6.3%，如海洋属红细菌 *Erythrobater* 及某些嗜甲烷菌株。

1962 年，Starr 等人最早报道了海洋蓝细菌次生代谢产物活性的研究结果，他们从夏威夷的蓝细菌体的甲醇抽提物中发现有抗菌活性物质。1998年，Melodie 等人从海洋蓝细菌的聚合体中，分离得到并报道了含有抗菌的Y-吡咯结构的天然产物。

海洋蓝细菌的次生代谢产物除了有抗菌、抗肿瘤等活性之外，研究者们还发现海洋蓝细菌可以产生具有免疫功能的活性物质。1992 年，Frank 等人在 12 ~ 27m 深度的海水中采集到的海洋蓝细菌，从培养繁殖的菌体粗提取物中发现有免疫功能活性物质的存在，这是首次研究并报道从海洋蓝细菌中获得有免疫功能的活性物质。

从目前研究情况来看，海洋蓝细菌产生的肽类活性物质可能是很有应用前景的一类天然产物。美国夏威夷大学 Moore 教授的研究小组重点研究海洋蓝细菌的次生代谢产物长达 20 年。在 2002 年，他们发表了在当时最新的研究成果，他们从太平洋亚里亚以北的海水中采集到一种海洋蓝细菌，从中分离获得了一种新的环肽活性物质，有细胞毒性和对实体瘤有一定程度的选择性毒性。

三、放线菌

链霉菌菌群，是常见的海洋放线菌，以其能产生抗生素、抗肿瘤、抗癌等活性物质而引起人们的重视，链霉菌有广泛分枝的基内菌丝及气生菌丝。在气生菌丝上形成长链的分生孢子链，每个孢子链有 3 ~ 50 个孢子。不同属的小单胞菌在孢子发育和排列上各不相同，有些属产生球形、圆柱形或不规则形状的孢囊，每个孢囊含几个到数千个孢子不等，孢子呈盘绕或平行排列。如指孢囊菌属产生棍棒状、指状或梨形孢囊，内含 1 ~ 6 个孢子。

随着海洋放线菌多样性及其次生代谢产物研究的逐步深入，为海洋放线菌药物的开发、研制提供了条件。

四、真核微生物

海洋真核微生物可分为三个大的类群。以光能自养方式营养生长，如微藻；以吞食有机物的方式化能异养，如原生动物；以吸收方式化能异养，此为真菌的特征。目前许多海洋真核微生物已可以人工培养。

（一）微藻

微藻能转化二氧化碳形成有机化合物，是海洋中有机碳化合物的主要生产者，是海洋食物链的最初单元。微藻是异源类群，包括所有单细胞光合真核生物，隶属 12 个藻类分支（门）中的 10 个门，主要根据形态和光合色素的类型而分类。如硅藻和甲藻，二者组成了浮游生物的主体。

硅藻是微藻中最大的一个类群，以浮游物形式在开阔海域中生活并对初级生产起重要作用。它们的细胞壁由硅组成，形成双壳面硅藻细胞。硅藻细胞的形态是鉴别数千个已描述种的重要分类特征。

甲藻在海洋环境中也很常见，自由生活或与某些海洋无脊椎动物共生。如在热带地区形成珊瑚礁的甲藻、虫黄藻和珊瑚间的共生。

（二）原生动物

海洋环境中的化能异养真核微生物主要是原生动物和真菌。它们对转化细菌生物量，形成更复杂的生命形式和降解某些顽固的有机物起重要的生态作用。化能异养真核生物是海洋中常见的微生物，有关它们的大量培养技术已建立。

原生动物门包括最简单的单细胞真核动物。有关原生动物的定义尚存争议。这里，我们将其定义为通过异养方式，通常是吞食食物颗粒的方式，获取营养的单细胞真核生物。原生动物可分为三个类群：非光合鞭毛虫、纤毛虫和阿米巴，有关它们的分类很复杂。

顾名思义，鞭毛虫的特点是具有鞭毛。这些微生物在海洋环境中广泛分布，是浮游生物的重要组成。鞭毛虫包括两个类群：其一是微藻的非光合成员，如吞食裸藻和甲藻；其二为非微藻类，包括领鞭虫类和 Bicoecids。

变形虫状的原生动物包括裸露的、不定型的阿米巴，它们以称为假足的细胞质延伸方式运动和吞噬；其他的阿米巴具有坚硬的外壳（有鞘阿米巴），包括有壳类、有孔虫、放散虫等。有鞘古阿米巴在海泥化石的检验中常见，并且被古生物学家广泛研究，以获得与海洋及生物进化有关的信息。

纤毛原生动物具有一排排纤毛，纤毛的协同划动用于区域运动和食物收集。纤毛原生动物是原生动物中最均一的类群，在海洋环境中广泛分布，已有超过六千个种被描述。几乎所有的纤毛虫都具有一个永久性的开口用来收集食物，收集工作的效率非常高，从而使它们在对细菌生物量转化形成可被高等动物利用的形式中起重要作用。这些以及其他原生动物均在海洋环境中起重要的生态作用。

（三）真菌

真菌多数为菌丝状营养生长的多核体，然而，单细胞形式（或酵母）也很常见。子囊菌是真菌中最大的一个类群，大多数已描述的海洋真菌属于这个类群，已超过两千个属。它们通常在浅水中发现，多见于降解的藻体和其他含纤维素的材料中。由于对木质结构的降解能力而具有重要的经济意义，一些高等真菌是著名的海藻类致病菌，是水产养殖的一个大问题，如褐藻等可导致海草群体的可见瘤。它们也被认为导致了海绵废弃病，该病导致商业海绵的大量死亡。

低等真菌在海洋环境中常见，但只有极少的几个种被研究。它们是多种海洋无脊椎动物、海草、藻类的著名寄生菌。真菌是海洋环境中的严重致病菌。尽管许多可培养，并且表现出可能是新次级代谢产物的资源，但尚未作为天然产物产生菌而广泛研究。海洋真菌产生的代谢物质，已被公认为是今后研发海洋药物资源潜在的重要内容，已成为当前的研究热点。表 8-1 列出了海洋中的真菌类群及它们的主要特征。

表 8-1 海洋真菌类群和主要特征

真菌类群	代表种属	菌丝	有性孢子类型
子囊菌纲	脉孢菌、酵母菌、木霉	有隔	子囊孢子
半知菌纲	青霉属、曲霉属、假丝酵母	有隔	无有性孢子
接合菌纲	毛霉、根霉、犁头霉	多核	接合孢子
担子菌纲	伞菌、蜜环菌属	有隔	担孢子（外孢子）
卵菌纲	水霉属	多核	卵孢子

第三节　海洋真菌资源的开发与利用

一、样品的采集

海洋样品的采集与获得一直是海洋微生物研究的最大限制因素。浅海或近岸样品采集难度相对较小，例如，红树林生态区，可以在退潮的情况下，采集红树林根部沉积物、植物的残体、活植物的根、茎、叶、种等以及植物病灶区样品；海滩的沉积物、漂浮物等；浅海的海洋动植物如海绵、珊瑚、海草、海藻等以及河口、湿地、浅滩等生态区样品。海洋样品的采集，特别是深海样品的采集，如深海的底层海水、沉积物、深海的腐木以及深海热液区、冷泉区、金属结核区等特殊生态系统的沉积物及鱼、蠕虫、虾、蟹等动植物样品以及深海样品等都需要特殊的采样设备如深海沉积物抓斗、可视沉积物捕获器、高保真采样器、水下机器人、深潜器等。目前这些设备非常昂贵，大多数国家的研究单位尚不具备这些条件，因此对于获得深海样品非常不容易，加上欠缺保真培养设备等，严重限制了海洋微生物的研究。对于海洋微生物特别是深海微生物的研究基本处于初始状态。

二、分离方法

海洋真菌的分离有很多的方法，而针对不同类群真菌的分离方法不同，下面讨论几种常用的分离方法。

（一）稀释涂布平板法

将海洋沉积物样品，用无菌海水 10 倍梯度稀释，取各不同稀释度下的样品悬液 0.2mL 涂布于不同的分离培养基平板。对于海洋动植物样品，如海绵、珊瑚可以通过表面消毒后用无菌海水混合，无菌条件下搅碎成糊状，梯度稀释后进行涂布，也可以通过在无菌条件下进行切片，然后贴到分离培养基上进行分离培养。

（二）单孢（或多孢）直接分离法

部分样品如海滨或海底采集到的木质样品，可以在实验室通过合适的条件培养后或者不经培养直接在显微镜的帮助下，观察表面的菌落，通过无菌的工具如接种针、毛细吸管、圆锥形吸嘴等获取单个（或多个）孢子，再接种到分离培养基上，进行分离。

（三）诱培法

采集到的木质或其他样品，在实验室特定的条件下直接进行培养、孵化，进行真菌的分离（原始材料诱培）；通过一些特殊的材料作为培养基质，如木头或部分植物的提取液等作为诱导培养基质，进行选择性分离培养。

（四）常用培养基

真菌的分离有很多培养基，根据不同的分离目的自行设计或改良现有培养基以达到分离的目的。在培养基中添加适量的海水，同时加入一些抗生素，如青霉素 30 ～ 50μg/mL、链霉素30 ～ 50μg/mL、氯霉素 30 ～ 50μg/mL、孟加拉红 10 ～ 30μg/mL 等可以抑制非目的菌生长。培养温度 10 ～ 30℃，pH 酸性至中性。下面是几种常用的真菌分离培养基：

（1）PDA 培养基：葡萄糖 20g，马铃薯 200g，琼脂 20g，海水 1000mL。

（2）GPY 培养基：葡萄糖 1.0g，酵母浸膏 0.1g，蛋白胨 5g，琼脂 15g，海水 1000mL，pH = 8.0。

（3）马丁氏培养基：KH_2PO_4 1g，$MgSO_4 \cdot 7H_2O$ 0.5g，蛋白胨 5g，葡萄糖 10g，琼脂 20g，海水 1000mL，pH 自然；此培养液 1000mL 加 1% 孟加拉红水溶液 3.3mL。临用时每 100mL 培养基中加 1% 链霉素液 0.3mL。

（4）查氏培养基：硝酸钠 3g，KH_2PO_4 1g，$MgSO_4 \cdot 7H_2O$ 0.5g，氯化钾 0.5g，$FeSO_4$ 0.01g，蔗糖 30g，琼脂 20g，海水 1000mL。

（5）沙堡弱培养基（SDA）：葡萄糖 40g，蛋白胨 10g，琼脂 15g，蒸馏水 1000mL。

（6）麦芽浸膏培养基：麦芽浸膏 30g，大豆蛋白胨 3g，琼脂 15g，海水 1000mL。

（7）改良 Leonian 培养基：麦芽糖 6.25g，麦芽浸膏 6.25g，KH_2PO_4 1.25g，酵母浸膏 1.0g，$MgSO_4 \cdot 7H_2O$ 0.625g，蛋白胨 0.625g，琼脂 20g，海水 1000mL。

三、海洋真菌的多样性

目前人们估计真菌有 150 万种，但所发现和描述的不足 10 万种，其中海洋真菌的数量和种类少之又少，所有分析的海洋真菌大部分是在浅海、表层海水或海岸带发现的。到目前为止，一共发现的海洋真菌 321 个属级类群的 551 种，或许更多。

表 8-2 是真菌学家们在不同年代发现海洋真菌物种的数量。从表中可以看出，海洋环境中 Ascomycetes 有 1190 个种，占总数的 78%，是绝对的优势类群，其中的海壳目（Halosphaeriales）53 个属 126 个种是海洋真菌中最大目级类群，在海洋环境中广泛分布。

表8-2　不同时期描述的海洋真菌的种属数量

类群	1979 年		1991 年		2000 年		2009 年	
	属	种	属	种	属	种	属	种
Ascomycetes	62	149	115	255	177	360	251	426
Basidiomycetes	4	4	5	6	7	10	9	12
Ceolomycetes	15	22	16	21	23	28	23	34
Hyphomycetes	25	34	25	39	28	46	42	79
总数	106	209	161	321	235	444	325	551

　　1996 年，Jones 和 Mitchell 估计海洋真菌有 1500 个种，但是由于对复杂的海洋环境特别是深海真菌资源的了解非常有限，因此对海洋真菌物种资源的估计都停留在推测的基础上。不过随着各临海国家对海洋科学的探求渴望及资金的强力资助，相信海洋微生物的研究能够真正地扩展开，从而逐步揭开海洋微生物在海洋生态中的作用及其开发应用价值。

四、海洋真菌次生代谢产物

　　国内外对海洋或深海真菌次生代谢产物的研究开展得比较迟。据报道，1970～1993 年从海洋真菌中发现的新化合物不到 35 个；海洋真菌由于较其他海洋微生物在次生代谢产物产生方面具有易培养、产量大等优点，因此逐步受到天然产物化学家的青睐。1994 年后发现新化合物的速率不断增加，到 2002 年海洋真菌中发现的新化合物达 272 个。目前已从海洋真菌中分离到近 300 个具有抗菌、抗肿瘤、抗病毒及免疫调节剂、抑制剂等生物活性的新化合物，表明海洋真菌中蕴藏着许多具有应用潜力的活性物质，它们是开发新抗菌、抗病毒、抗肿瘤药物及其他新药的重要资源。海洋真菌中不但发现了新的次生代谢产物，同时也发现了很多陆生真菌中发现的已知代谢产物。海洋真菌代谢产物中有 90% 以上是来源于从海绵、海藻等海洋动植物中分离的菌株，来源于海洋沉积物真菌的仅占 3%。虽然目前对海洋沉积物尤其是深海沉积物真菌活性物质的研究较少，但已从中发现了一些结构新颖的抗菌、抗肿瘤活性物质，显示出良好的开发前景。

　　虽然发现活性天然产物驱动了海洋真菌的研究，但海洋真菌的生物修复功能、遗传进化机制、特殊环境的适应机制、生态功能、与高等动植物的内共生关系、致病的机理与防治以及其分子生物学遗传操作等方面也是研究的重点。

第四节　海洋放线菌资源的开发与利用

一、海洋放线菌的分离

（一）样品采集及处理

为了排除陆地微生物，最好选择远离人类干扰的所谓"原始天然海域"作为研究对象。一般用斯库巴自携式水下取样器采集底泥或水样。样品置于塑料瓶，4℃保存，4h 以内用如下两种方法处理：

（1）1mL 底泥，加 4mL 无菌海水，55℃，6min，立即进行分离。

（2）10mL 底泥样品铺于无菌培养皿内，真空干燥约 24h，磨细成粉末，稀释后进行分离。

（二）盐、海水对放线菌生长和分离的影响

通过大量的实验证明，海洋放线菌需要在天然海水或人工海水配制的培养基上才能良好生长。这是设计分离方法及培养基必须考虑的重要因素。

（三）培养基

常用的培养基有以下几种：

（1）M1 培养基：淀粉 10g，酵母膏 4g，蛋白胨 2g，琼脂 18g，天然海水 1000mL。

（2）M2 培养基：甘油 6mL，精氨酸 1g，K_2HPO_4 0.5 g，$MgSO_4$ 0.5g，琼脂 18g，天然海水 1000mL。

（3）M3 培养基：葡萄糖 6g，几丁质 2g，琼脂 18g，天然海水 1000mL。

（4）M4 培养基：几丁质 2g，琼脂 18g，天然海水 1000mL。

（5）M5 培养基：琼脂 18g，天然海水 1000mL。

（6）几丁质培养基：几丁质 2g，K_2HPO_4 0.7g，KH_2PO_4 0.3g，$MgSO_4$ 0.5g，琼脂 20g，天然海水 1000mL。

（7）海藻糖-脯氨酸培养基：海藻糖 5g，脯氨酸 1g，$(NH_4)_2SO_4$ 1g，NaCl 1g，$CaCl_2$ 2g，K_2HPO_4 1g，$MgSO_4 \cdot 7H_2O$ 1g，复合维生素（维生素 B_1、

核黄素、烟酸、维生素 B_6、泛酸钙、肌醇、p-氨基苯甲酸各 0.5 mg，生物素 0.25mg），琼脂 20g，天然海水 1000mL。

（四）抑制剂

分离海洋放线菌一般都需要添加抑制剂，建议用放线菌酮（100mg/L 或 50mg/L）或制霉菌素（100mg/L）加萘啶酸（20～25mg/L）。也可以用放线菌酮（100mg/L 或 50mg/L）或制霉菌加利福平 5～10mg/L。

二、海洋放线菌产生的生物活性物质

（一）酶抑制剂

酶抑制剂是药物开发的重要组成部分，已经从各地海洋样品中分离到一些酶抑制剂。

（二）α-淀粉酶抑制剂

近些年来，淀粉酶抑制剂很受重视。糖尿病、肥胖、高脂血等许多与糖代谢有关的疾病都与淀粉酶有关，淀粉酶抑制剂是测定淀粉同工酶的有力工具。大多数淀粉酶抑制剂都来自陆地微生物。2005 年相关学者从各种海洋样品中分离到 5000 多株放线菌，其中 1 株分离自神奈川辖区的 Aburatsubo 海湾 5m 深处的底泥样品的菌株具有抑制淀粉酶活性，它在 25% 的海水培养基内抑制淀粉酶的活性最高。该菌株被鉴定为黄麻链霉菌海红亚种。这是第一个有关海洋放线菌产生淀粉酶抑制剂的报道。

（三）N-乙酰-β-D-葡萄糖胺酶抑制剂

N-乙酰-β-D-葡萄糖胺酶作为外切糖苷酶催化糖苷键的水解。从糖蛋白释放 N-乙酰葡萄糖胺。糖尿病、白血病和肿瘤患者体内这种酶的活性显著增高，因此该酶活性的鉴定是判断病因的重要手段之一。已有一些工作试图从海洋微生物中开发这种酶抑制剂。有学者从 Iwate 附近的 Otsuchi 海湾 100m 深处采集底泥，分离放线菌，其中 1 株链霉菌产生两个新化合物——pyrostatins A 和 B，在浓度为 100mg/mL 时，对 N-乙酰-β-D-葡萄糖胺酶有特异性抑制活性，而抗菌活性不强；在 100mg/mL 浓度下，对小鼠无毒。

（四）β-葡萄糖胺酶抑制剂

β-葡萄糖胺酶对肿瘤转移及免疫缺陷病毒起作用，因而是重要的药物靶标。已经有很多这种酶的抑制剂从陆地微生物中开发出来。Jensen 从1500m 深海分离到的浅黄链霉菌要在海水培养基中才能产生 β-葡萄糖胺酶抑制剂。经分析鉴定获得两个新化合物，D-gluconolactam 和 D-mannonolactam。该菌株产生的 β-葡萄糖胺酶抑制剂活性、生长温度范围、对盐的耐性等特性均与陆地来源的相同种显著不同。

（五）焦谷氨酸肽酶抑制剂

焦谷氨酸肽酶催化焦谷氨酸残基的释放，而焦谷氨酸能阻断很多蛋白质和肽的末端氨基酸的释放。该酶广泛分布于植物、动物和微生物中，目前其生理作用仍旧不很清楚。为了探明相关疾病与这种酶的关系，科学家开展了该酶的抑制剂筛选研究。从上海外海底泥收集样品分离到 1 株具有焦谷氨酸肽酶抑制活性的链霉菌。从这株链霉菌中分离到一种新的抑制剂 pyrizinostatin（图 8-1），它对焦谷氨酸肽酶具有非竞争性抑制作用，其 IC_{50} 为 1.81g/mL；在这个剂量下无抗菌活性，对小鼠无毒。这种化合物有可能用于研究焦谷氨酸肽酶引起的疾病的发病机制。

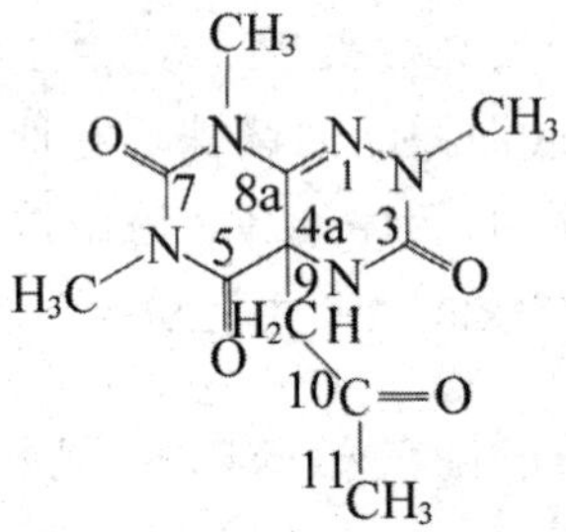

图 8-1　pyrizinostatin 的结构

（六）抗生素

从 Otsuchi 海湾分离到 100 株放线菌，其中 41 株如果没有用海水培养，就没有任何抗菌活性，这说明它们是海洋居住菌。选择其中活性最高的 1 株进行系统进化分析，发现其与金球小单孢菌极为相似。然而，金球小单孢菌在海水培养基培养并无抗菌活性。学者研究了海水对这株放线菌生长和抗菌活性的影响，发现这株菌的生长海水浓度范围为 0～140%（浓缩），其最适生长海水浓度为 10%～30%（浓缩），但是抗生素的产生却为 60%～110%，可见抗生素的产生与海水有关。从日本海鞘获得的 1 株小单孢菌中分离到一种二苯并二氮卓生物碱（图 8-2）对革兰阳性细菌有中等抑制活性。从墨西哥附近海域分离到的链霉菌代谢产物中获得 gutingimycin（图 8-3）。这是一种三氧大极性化合物，同时也获得 trioxacarcin D～F（图 8-4），这些抗生素对很多试验菌都有很强的抗菌活性。从利文斯敦岛附近浅海底泥分离的一株链霉菌产生 2-氨基-9，13-二甲基-十七（烷）酸，该化合物有选择性抗菌活性。从韩国海域分离的一株链霉菌，能产生 6 种内酯抗生素。从夏威夷浅海分离的一株达松维尔拟诺卡氏菌的代谢产物中获得 kahakamidesA 和 B，它们是吲哚核苷类抗生素。

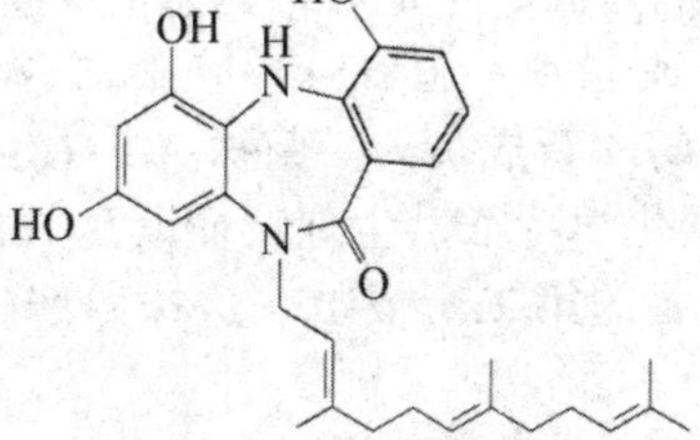

图 8-2 二苯并二氮卓

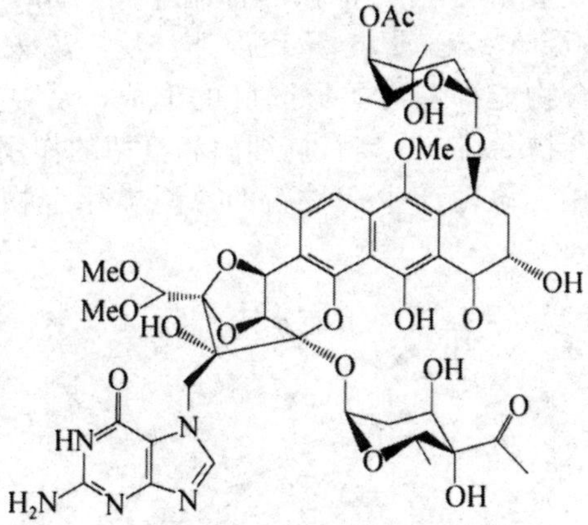

图 8-3 gutingimycin

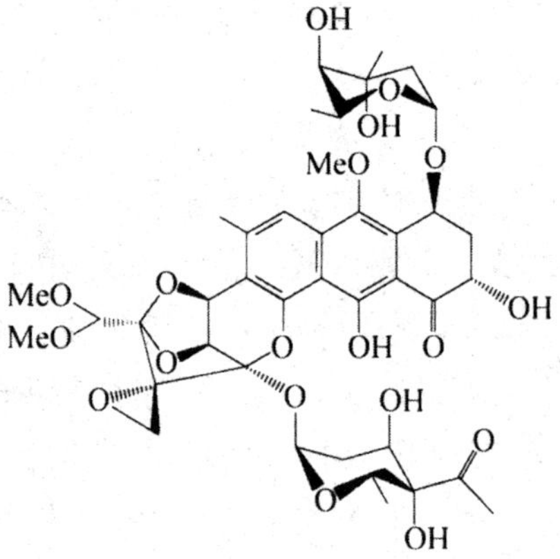

图 8-4　trioxacarcin

（七）其他生物活性物质

疣孢菌属属于小单孢菌科。这是一个典型的陆生菌。1998 年 Rheims 等报道了该属的第一个成员——菌株 *V. gifhornensis* DSM44337[T]。2004 年，Riedlinger 等报道了这个属的新成员——菌株 AB-18-032，它分离自日本海 289m 深的海底泥。根据化学特征、生理特征以及 16SrRNA 基因序列分析结果，他们认为它是这个属的第二个成员。这株菌产生独特的多环聚酮类化合物 abyssomicin。

abyssomicin C 是对氨基苯甲酸生物合成的有效抑制剂，因此能有效抑制叶酸的生物合成，其作用超过合成磺胺药物。abyssomicin C 对临床上分离的万古霉素耐药菌的复合耐药菌有很强的抑制作用。abyssomicin 的结构如图 8-5 所示。小单孢内酯 A～C 属 16 元环内酯，从一株未定名的海洋小单孢菌中获得。这种化合物能抑制海星原肠胚的形成。从夏威夷海域分离的一株链霉菌产生的化合物 bonactin 具有抗细菌和真菌的作用。从墨西哥海湾海泥分离到一株链霉菌，该菌产生一种新的蒽醌类化合物 parimycin，具有抗肿瘤、抗菌活性。

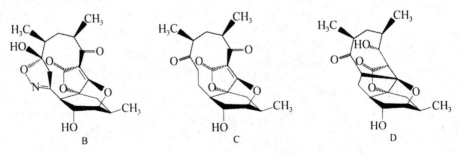

图 8-5　abyssomicin 的结构

第五节　海洋微生物与海洋环境保护

一、海洋微生物在赤潮生物防治中的应用

所谓赤潮是指在一定环境条件下，海水中某种浮游植物、原生动物或细菌在短时间内突发性繁殖或高度聚集而引发的一种生态异常，使海水变色并造成危害的现象。由于社会经济的发展、环境污染，加上全球气候变化，赤潮发生呈现出新的趋势：赤潮的发生越来越频繁，赤潮影响的区域面积也越来越大，赤潮引发藻种越来越多，有毒赤潮比例不断上升，有害赤潮危害程度日益增加。赤潮问题不容忽视，赤潮造成的各方面影响已相当严重，威胁着沿海海洋经济的持续发展和社会的安定。

（一）赤潮的微生物防治

在水生生态系统中，细菌在微型藻类的生长过程中起着非常重要的作用。一方面细菌吸收藻类产生的有机物质，并为藻类的生长提供营养盐和必要的生长因子，从而调节藻类的生长；另一方面，细菌也能抑制藻类的生长，甚至裂解藻细胞，从而表现为杀藻效应，这类细菌一般称为溶藻细菌。溶藻细菌的研究在国外已有数十年历史。早在 1924 年，Geitler 报道了一种寄生在刚毛藻上，并可使之死亡的黏细菌 *Polyangium parastium*。到目前为止，已发现了许多溶藻细菌。溶藻细菌通常通过直接或间接作用方式溶藻。直接溶藻是指细菌与藻细胞直接接触，甚至侵入藻细胞内攻击宿主。间接溶藻是指细菌同藻竞争有限营养或通过分泌胞外物质而溶藻。

（二）抑藻基因的高效筛选

海洋中应该存在着丰富的赤潮抑藻菌，而且绝大部分不能利用常规的实验技术培养得到，目前报道的抑藻细菌只是其中很小的一部分。据报道，有 99% 以上的海洋微生物为不可培养的微生物，这极大地制约着我们对海洋微生物多样性的认识，也使潜藏在这些不可培养微生物中的基因资源难以开发利用。而新近出现的宏基因组学方法则使海洋微生物抑藻功能基因的筛选成为可能，因为它避开了传统培养获得微生物在技术上存在的问题。

二、海洋微生物在海洋石油污染微生物修复中的应用

世界原油总产量每年约为 30 亿吨，其中 1/3 要经过海洋运输。石油的海上开采、运输、装卸、使用过程中，都会造成溢油事故的发生。据估计，近年来，每年约有 30 万吨的石油烃类物因泄漏、沿海炼油工厂污水排放、大气污染物的沉降等原因进入海洋中，且污染状况日益呈逐年严重的态势。海洋石油的污染影响水生生物的生长、繁殖及整个海洋生态系统。此外，由于地理和水文因素使海洋中石油污染物的浓度分布不均匀，大部分石油在码头附近，靠近大的口岸，其中多数是处于河口港湾中，影响海产品的品质，以致其烃类残留物对海洋生物和通过食物链对人类健康构成严重威胁。因此，防范治理海上石油的污染成为环境保护中的重要任务。

（一）降解石油的微生物种类及分布

据目前的研究，能降解石油的微生物有 70 个属，其中细菌 28 个属，丝状真菌 30 个属，酵母 12 个属，共 200 多种微生物。海洋中最主要的降解细菌有：无色杆菌属、不懂杆菌属、产碱杆菌属等；真菌中有金色担子菌属、假丝酵母属等。

（二）海洋石油降解菌的获得及使用

由于天然海洋环境中石油降解菌数量较少，一旦发生溢油，不能及时对石油进行降解，所以在溢油发生后一般要向环境中添加石油降解菌以保证石油的高效降解，但是考虑到安全等方面的问题，菌种不能盲目投加。一般来说，可以把取自自然界的微生物，经人工培养后再投入到污染环境中去治理污染。具体到海洋石油降解菌的获得，一般选择油污染环境，从中分离出适应性菌株，并将其中的石油降解菌富集培养，通过反复适应和驯化或遗传修饰进行进一步筛选，从而培养出高效降解的菌株，将其进一步繁殖后投加至受污染环境中或分类保存。

虽然微生物修复主要是依靠微生物的降解能力降解微生物，但是微生物对污染物的分解、转化也是需要条件的，所以除了投加高效降解菌之外，还要为这些降解菌创造必要的生存、降解条件。这样才能有效地进行石油污染修复。投入氮、磷营养盐是最简单有效的方法。在海洋出现溢油后，石油降解菌会大量繁殖，碳源充足，限制降解的是氧和营养盐的供应。

对于海洋石油的微生物修复，今后的研究工作将会更深入、更细致地开展，综合前人的工作，尚需深入研究的工作有以下几点：

（1）对多环芳烃降解方式的进一步研究，包括厌氧分解及共代谢机制的研究。

（2）寻找可降解高分子多环芳烃和沥青质等高分子化合物的微生物。

（3）构建合适的基因工程菌，为微生物修复开辟新的途径。

我国在微生物降解石油方面的研究仍然任重而道远。但是随着现代微生物学和基因组计划的更进一步发展，更多微生物物种的发现和生物技术的应用，石油污染问题将会得到更有效的解决。

第六节　湿地微生物资源的开发与利用

一、样品的采集

在湿地微生物的研究中，无论是试图了解湿地环境中微生物的数量及其变化规律，还是调查其种群组成或分离纯化某种微生物，首先遇到的问题是何时何地用何装备与方法进行科学合理的取样。

湿地微生物栖息的场所大致可分为水与沉积物（底泥）两种。由于水和沉积物的物理化学及生物学的环境条件各不相同，在其中生存的微生物种类、数量和活性等也有很大的差异。例如，同样是海水，有外洋水、沿岸水和不受海流影响的水域等区别，由于有机物含量、潮汐变化和水深等因素不同，受污染的程度也不同，导致了所含的微生物的种群组成及其功能特性存在明显的差异。底泥中的微生物也存在类似的情况。所以，无论是考察微生物种群的生态分布，还是推测环境中微生物的生态学功能，或是探索其生物学特性。都必须全面掌握现场的各种因素。一般需要了解水的温度、透明度、pH 值、盐度、深度、溶解氧、可溶性有机碳、铵态氮、亚硝态氮、硝态氮、磷酸、悬浮有机物、藻类及其光合作用活性和其他浮游生物等状况。

（一）取样前的准备

一般地，取样前的准备工作如下：

（1）地理信息准备和仪器准备。采样之前充分做好目的地的地理信息及气象信息资料的收集与整理，做到有的放矢。特别需要注意的是，目前我国绝大部分能保存下来的湿地基本上已经是各个级别的自然保护区，所以要提前做好沟通。在取样前必须根据调查计划所制订的调查站数及采样数量做好采泥器、采样瓶、采水球、移液管、培养皿、水样引出管、水样储存瓶、过滤器等器具的消毒和灭菌准备工作。

（2）性能检查。采样出发前要对各种采集仪器、设备进行一次全面的性能检查。

（3）底泥或沉积物取样地点的选择。水底沉积物中微生物的数量较大而稳定，可以按照不同的调查目的及地质、地形的特征设点取样，简述如下：

①按底质结构类型设点，如泥质、沙质、合底质等分别设点。

②按地形结构设点，如平面和斜面、海沟与海滩、航道及岸边以及受潮汐影响的不同深处都应该取代表性的地形沉积物。

③按不同层位设点，如氧化层、还原层、冲刷层、沉积层、有机物层、矿质层等均可以按不同深度分别取样。

（4）取样时做好现场记录。到达采集地点时，首先要核实地理信息内容的准确性，同时将各种现场环境因素（物理化学因素和周围环境）、经纬度、海拔、日期、时间、水层、pH 值、采泥深度等记录在案，并签上采集者姓名，随同样品带回实验室。

（二）水样采集

采集供微生物检验的水样必须按无菌操作技术进行，并保证在送检过程中不受外界污染，尽量保证反映原地的微生物真实情况。

采集深水样品较复杂，要有专门的取样设备和熟练的取样技术。采水器种类很多，文献记载的已有一百多种。目前常用的有：击开式采水器，即 J-Z 式采水器；复背式采水器；尼斯金采水器；颠倒采水器，即南森式采水器；深水细菌取样器；无菌取样瓶等。

（三）沉积物的采集

对海洋、港湾、河口、湖泊等湿地微生物进行研究，首先要借助采泥器获取样品。采泥器的种类很多，如曙光（HNM-1-2 型）采泥器、柱状采样管、弹簧采泥器等。

（四）沉积物的采集

所采集的水样应用无菌操作方法装入已预备的棕色磨口无菌玻璃储存瓶中。泥样用无菌小铲刀铲去表面泥样后，挖出表面下 2～3cm 处的泥样放入无菌培养皿中，加盖密闭，立即送至实验室处理，若需要运输，应放入冰桶密闭储存。样品存放时间一般不超过 2h，否则样品中的一些菌的数目会大量增加，某些菌的种类则不断减少（甚至从几十种减少到十几种）。

二、湿地微生物资源的利用

（一）湿地放线菌的产物及利用

肖静等从红树林环境中分离到了小单孢菌属、马杜拉放线菌属及拟诺卡氏菌属等稀有放线菌共 163 株，其中有 8 株对 4 种以上的指示菌有抑制作用，26 株对 3 种肿瘤细胞具有强抑制作用，尤其是菌株 MGR133 具有抑制 5 种指示菌的抗菌活性和抑制 3 种肿瘤细胞的细胞毒活性。潜在的链霉菌新种菌株 MGR035 发酵液对肿瘤细胞有抑制作用，暗示了对这些菌株的次级代谢产物都具有深入研究的价值。

（二）细菌的产物及利用

人们发现海滨湿地细菌具有拮抗和溶菌作用，这致使陆源致病菌迅速死亡；它们可直接用作海洋经济动物的饵料；细菌参与对各种海洋物质的腐蚀、变性、污秽和破坏过程；可以利用细菌的代谢活动来改善被毒化的养殖环境，如氨的氧化等。

参考文献

[1] 徐丽华, 等. 微生物资源学 [M]. 北京: 科学出版社, 2018.

[2] 郝鲁江. 现代微生物资源与应用探究 [M]. 北京: 水利水电出版社, 2018.

[3] 韩晗. 微生物资源开发学 [M]. 成都: 西南交通大学出版社, 2018.

[4] 万云洋. 原核微生物资源和分类学词典 [M]. 北京: 石油工业出版社, 2018.

[5] 李明春, 刁虎欣. 微生物学原理与应用 [M]. 北京: 科学出版社, 2018.

[6] 李锦萍, 刁治民. 草地微生物资源学 [M]. 北京: 经济学科出版社, 2018.

[7] 杨金水. 资源与环境微生物学实验教程 [M]. 北京; 科学出版社, 2016.

[8] 刁治民. 固氮微生物学 [M]. 北京: 科学出版社, 2014.

[9] 燕红, 代英杰, 彭显龙. 微生物资源及利用 [M]. 哈尔滨: 哈尔滨工程大学出版社, 2012.

[10] 王幼珊, 张淑彬, 张美庆. 中国丛枝菌根真菌资源与种质资源 [M]. 北京: 中国农业出版社, 2012.

[11] 刘爱民. 微生物资源与应用 [M]. 南京: 东南大学出版社, 2008.

[12] 尹衍升, 董丽华, 刘涛, 等. 海洋材料的微生物附着腐蚀 [M]. 北京: 科学出版社, 2012.

[13] 吴向华, 刘五星. 土壤微生物生态工程 [M]. 北京: 化学工业出版社, 2012.

[14] 韩德权, 王莘. 微生物发酵工艺学原理 [M]. 北京: 化学工业出版社, 2013.

[15] 蔡志强, 叶庆富, 汪海燕, 等. 多氯联苯微生物降解途径的研究进展 [J]. 核农学报, 2010, 24 (1): 195-198.

[16] 乌载新, 王毓洪, 张硕. 生态农业链: 复合微生物肥料 [M]. 北京: 中国农业科学技术出版社, 2012.

[17] 葛绍荣, 等. 发酵工程原理与实践 [M]. 上海: 华东理工大学出版社, 2011.

[18] 张卉. 微生物工程 [M]. 北京: 中国轻工业出版社, 2010.

[19] 杨汝德. 生物物质分离工程 [M]. 北京: 高等教育出版社, 2009.

[20] 朱军. 微生物学 [M]. 北京: 中国农业出版社, 2010.

[21] 李凡, 徐志凯. 医学微生物学 [M]. 北京: 人民卫生出版社, 2013.

[22] 李颖, 关国华. 微生物生理学 [M]. 北京: 科学出版社, 2013.

[23] 罗立新. 微生物发酵生理学 [M]. 北京: 化学工业出版社, 2010.

[24] 刘少伟, 鲁茂林. 食品标准与法律法规 [M]. 北京: 中国纺织出版社, 2013.

[25] 韦平和, 李冰峰, 闵玉涛. 酶制剂技术 [M]. 北京: 化学工业出版社, 2012.

[26] 张海滨, 孟海波, 沈玉君, 等. 好氧堆肥微生物研究进展 [J]. 中国农业科技导报, 2017, 19 (3): 1-8.

[27] 侍继梅, 潘永胜. 微生物杀虫剂研究进展 [J]. 江苏林业科技, 2011, 38 (6): 49-52.

[28] 陈坚, 刘龙, 堵国成. 中国酶制剂产业的现状与未来展望 [J]. 食品与生物技术学报, 2012, 31 (1): 7-13.

[29] 侯可宁, 李毅. 食用菌多糖的提取、检测及应用研究进展 [J]. 山东化工, 2017, 46 (13): 49-51.

[30] 韩晗, 韦晓婷, 魏昳, 等. 沙门氏菌对食品的污染及其导致的食源性疾病 [J]. 江苏农业科学, 2016, 44 (5): 15-20.

[31] 崔中利, 崔丽霞, 黄彦, 等. 农药污染微生物降解研究及应用研究 [J]. 南京农业大学学报, 2012, 35 (5): 93-102.

[32] 杨明伟, 叶非. 微生物降解农药的研究进展 [J]. 植物保护, 2010, 36 (3): 26-29.

[33] 薛高尚, 胡丽娟, 田云, 等. 微生物修复技术在重金属污染治理中的研究进展 [J]. 中国农学通报, 2012, 28 (11): 266-271.